シリーズ・生命の神秘と不思議

プラナリアたちの巧みな生殖戦略

小林 一也・関井 清乃 共著

裳華房

まえがき

プラナリアといえば、いくら細かく切ってもそれぞれが一人前に再生する現象がよく知られています。分類学的にいうと、扁形動物門《へんけいどうぶつもん》 渦虫綱《うずむしこう》 三岐腸目《さんきちょうもく》に属する動物で、なかでも河川や湖沼に生息している淡水棲の動物であるというのが一般的です。しかし、プラナリアという名前はラテン語に由来する「扁平」な生き物という意味で、本来は渦虫綱の動物全般のことを指しています。そもそも渦虫綱を含む扁形動物は、言葉通りに扁平な動物という意味から英語では flatworm とよびます。扁形動物門では渦虫綱だけが自由生活性で、他の三つの綱に属する動物は寄生性であり、parasitic（寄生性の）flatworm と区別して表現されることがあります。

淡水棲三岐腸類が有名なのは、高等学校での生物の授業で、この動物が強い再生能力をもつと勉強する機会があるためで、大学に入学したばかりの学生諸君に尋ねてみると、学部に関係なく多くの人が知っていると答えてくれます。プラナリアの名前で通ってしまっていますが、淡水棲三岐腸類の和名はウズムシ（渦虫）です。ウズムシという名前は、腹側にある繊毛の回転運動によって移動することに由来します。一方で、複雑な生活環をもつ動物の代表例としてカンテツ（肝蛭）も高等学校の生物教材では紹介されており、習っていると思うのですが、意外にカンテツが寄生性の扁形動物であることは認識されていないようです。

新潟大学理学部の酒泉 満先生から、裳華房の「シリーズ・生命の神秘と不思議」でプラナリアの生殖戦略（生き残り作戦）について執筆しないかとお声をかけていただき、ふたつ返事で引き受けたものの、いざ執筆するとなると、自分の研究材料の淡水棲ウズムシだけの内容ではシリーズの書籍として成立しないのではと心配になりました。そんな時に、スイス・バーゼル大学で渦虫綱多食目《たしょく》に属しているマクロストマムを材料に進化生態学の分野で学位をとられた関井清乃さんが、私の研究室にポスドクとしてこられることになりました。これはまさに天の助けで、プラナリアを広義の意味でとらえて、寄生性の扁形動物も巻き込んで、渦虫綱の動物からみた生殖戦略で本書を執筆すれば、内容も濃くなり面白いものに仕上げることができると思いました。

関井さんと議論を重ねて、なるべく生物学の基礎知識をおさらいできるような展開にしました。特に、さまざまな動物からわかってきた「生殖」に関する共通の考え方について2章で解説してから、プラナリアの生殖戦略を紹介することで、プラナリアの生殖戦略のどこが普通ではなくて驚きなのか、読者の皆さんの理解が進むような構成にしました。

そして最終章では、進化的にも原始的な動物であるプラナリアの生殖戦略から、広く動物界でみられる生き残り作戦をみることで、何が特別で何が共通した仕組みであるのかを学べるように本書を締めくくりました。プラナリアはその知名度ほど研究が進んでいるわけではありません。しかし、見逃せない生物学的な魅力がプラナリアにはたくさんあります。その一つが「生殖戦略

（生き残り作戦）」だと思います。

プラナリアの啓蒙書／解説書といえば、やはり「再生」が圧倒的にメジャーな中で、本書は「生殖」だけに特化したはじめての書籍になるので、意識的にイラストを多くして解説するように心がけました。また、普段お目にかかれないような、プラナリアの生殖に関わる写真も多数掲載しました。イラストは私の研究室の学部4年生の虻川真里奈さん、中舘雛姫さん、簗場ひとみさんに協力して頂きました。また、多くの方に貴重な写真や動物を提供して頂きました。岩手大学農学部共同獣医学科の関 まどか先生（カンテツ）、日本大学生物資源科学部獣医学科の松本 淳先生と弘前大学農学生命科学部分子生命科学科の坂元君年先生（エキノコックス）、スイス・バーゼル大学のルーカス・シェーラー先生（マクロストマム）、宮城教育大学教育学部の出口竜作先生、青森県産業技術センター水産総合研究所の吉田 達先生、弘前大学医学部の岡野大輔先生、私の恩師である石田幸子先生（ヒラムシ）、京都大学大学院理学研究科の田所竜介先生（ヤマトヒメミミズ）、宇都宮大学農学部の宮川一志先生（ミジンコ）、そして、島根大学生物資源科学部の広橋教貴先生と東京農業大学応用生物科学部バイオサイエンス学科の尾畑やよい先生（マウス）に、この場をかりて感謝申し上げます。

2017年 10月

小林一也

目次

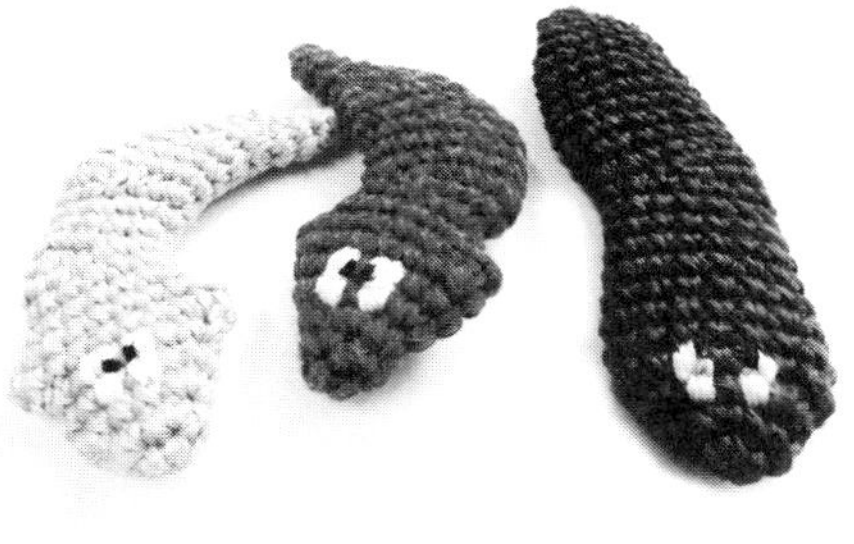

（手芸：坂元君年）

犯人はだれだ!?

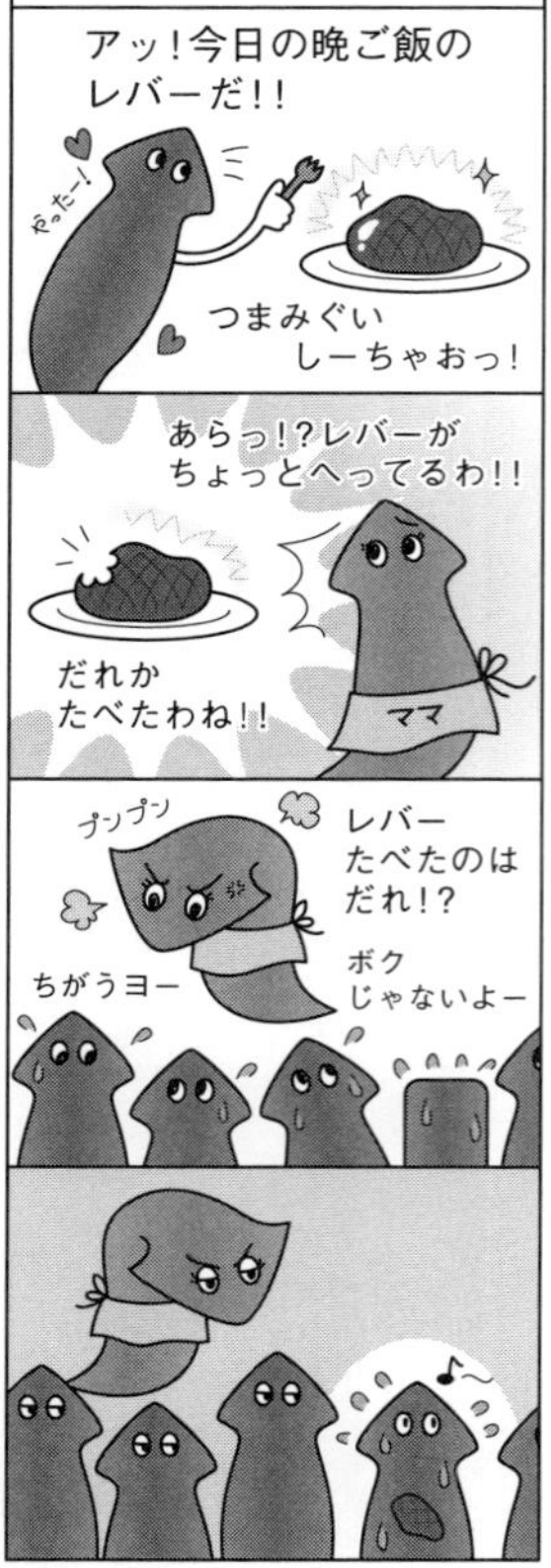

＊プラナリア（ウズムシ）は体が腸だらけなので、餌の色が一時的についちゃいます。上の漫画ではレバーの色がついているから、犯人がばれちゃったわけです（図 3·1 はまさに青の色素を餌にまぜて食べさせました）。

必勝法？

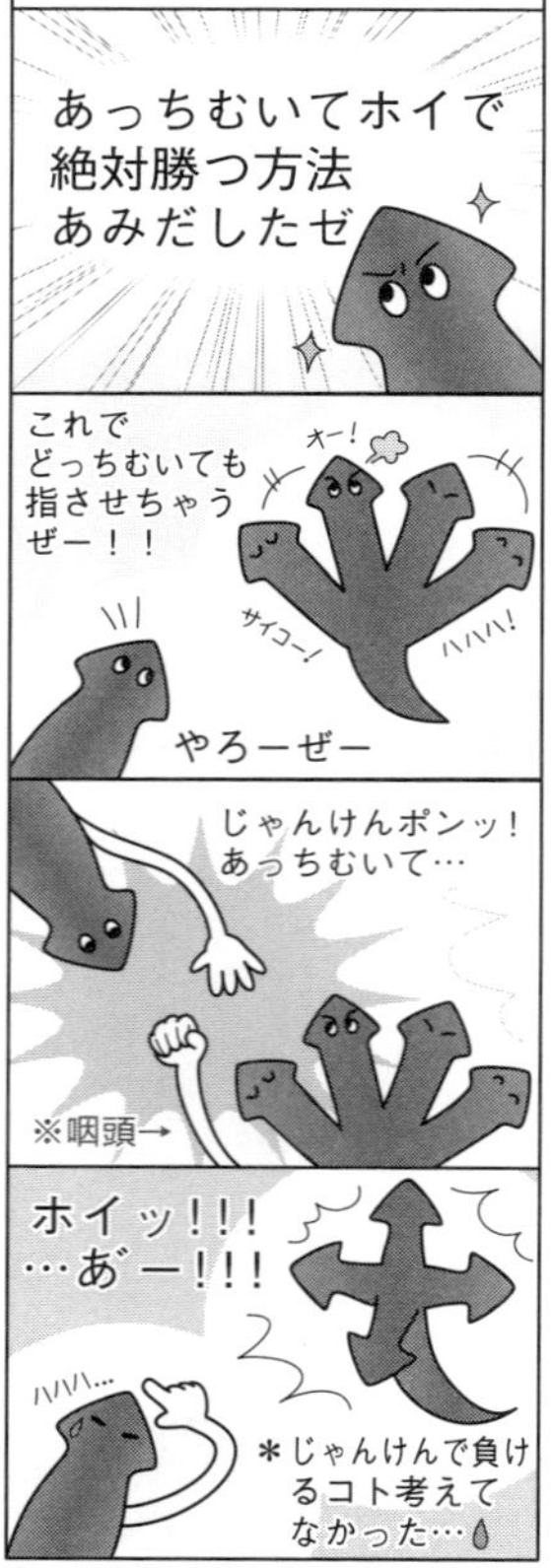

＊プラナリア（ウズムシ）は強い再生能力があります。うまく切断すると双頭の個体をつくることができます。さらに切断すると四つ頭の個体もできるということで、漫画ではそれに変身して勝負にでたわけですが・・・

（漫画：手塚　礼）

1章　プラナリアとはどんな動物?

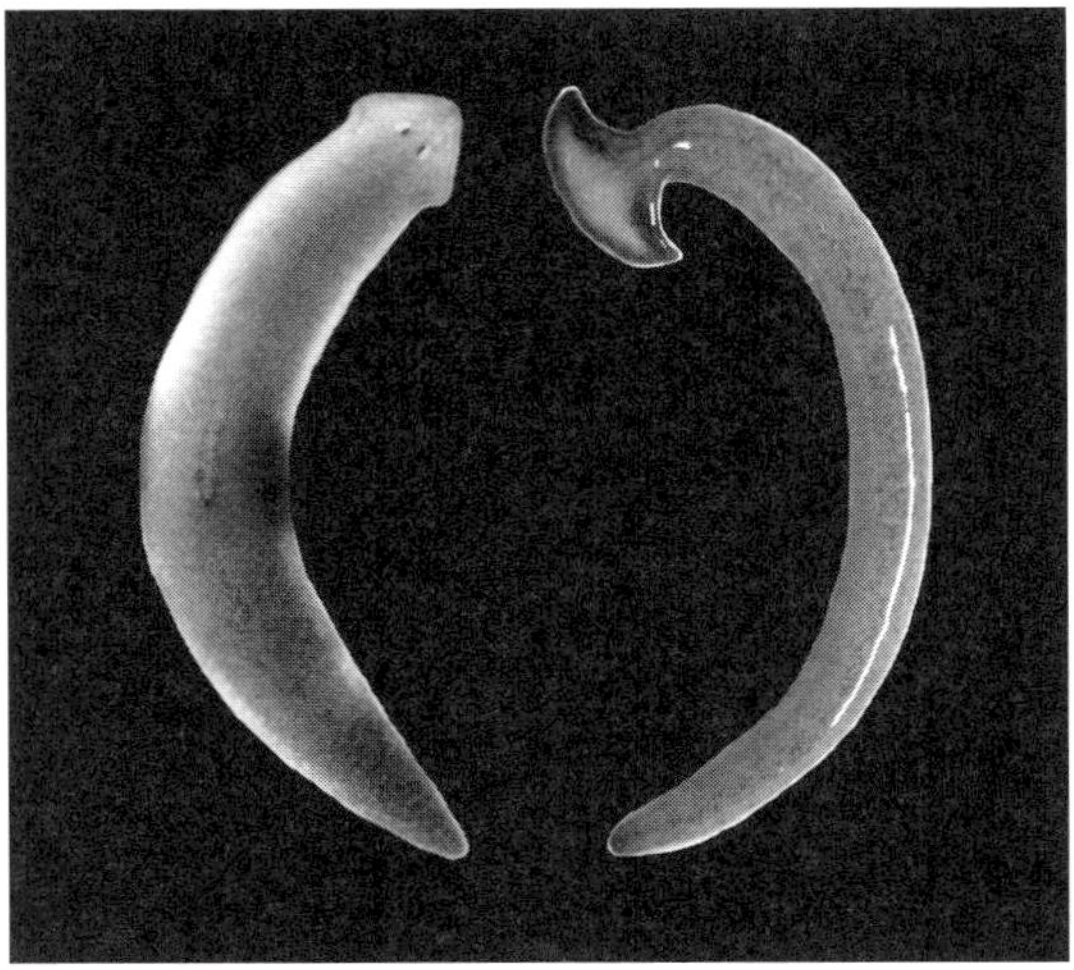

淡水棲ウズムシ（左）と陸棲ウズムシ（右）

1　本書で紹介する動物について―分類学的側面から理解する―

地球上には多種多様な生き物が存在し、これまでに分類学者によって約125万種が同定されています。そして、未同定種を含めると全部で約870万種になると推定されています[1-1]。分類学の世界では、生き物それぞれの特徴によってさまざまな階級に分類されます。例えば、動物と植物は「界」というレベルで分けられています。「界」の下層には「門」、「綱」、「目」、「科」、「属」そして、「種」という階層があり、個々の生物に付けられている学名は、分類学の父とよばれるカール・フォン・リンネによる二名法（属名＋種小名）によって表されます。私たちヒトは、動物界、脊索動物門、哺乳綱、霊長目、ヒト科と分類され、学名はホモ・サピエンス（*Homo sapiens*）となります（図1・1）。ヒトという呼称は学名に対して和名といいます。

さて、本書で紹介するプラナリアですが、この名前は学名でも和名でもありません。プラナリアという名前は、ラテン語で平坦という意味の語に由来していて、広義には扁形動物門渦虫綱《うずむし》の動物のことを指しています。読者の皆さんがプラナリアと聞いて思い浮かべる動物は、おそらく、扁形動物門 渦虫綱 三岐腸目に属している淡水棲の渦虫類（ウズムシ類）ではないかと思います（図1・1）。本書ではこの淡水棲ウズムシ類を使った研究からわかった生き残り作戦（生殖戦略）を中心に紹介していきます。渦虫綱には11目が含まれています。本書では三岐腸目のウズムシ類の

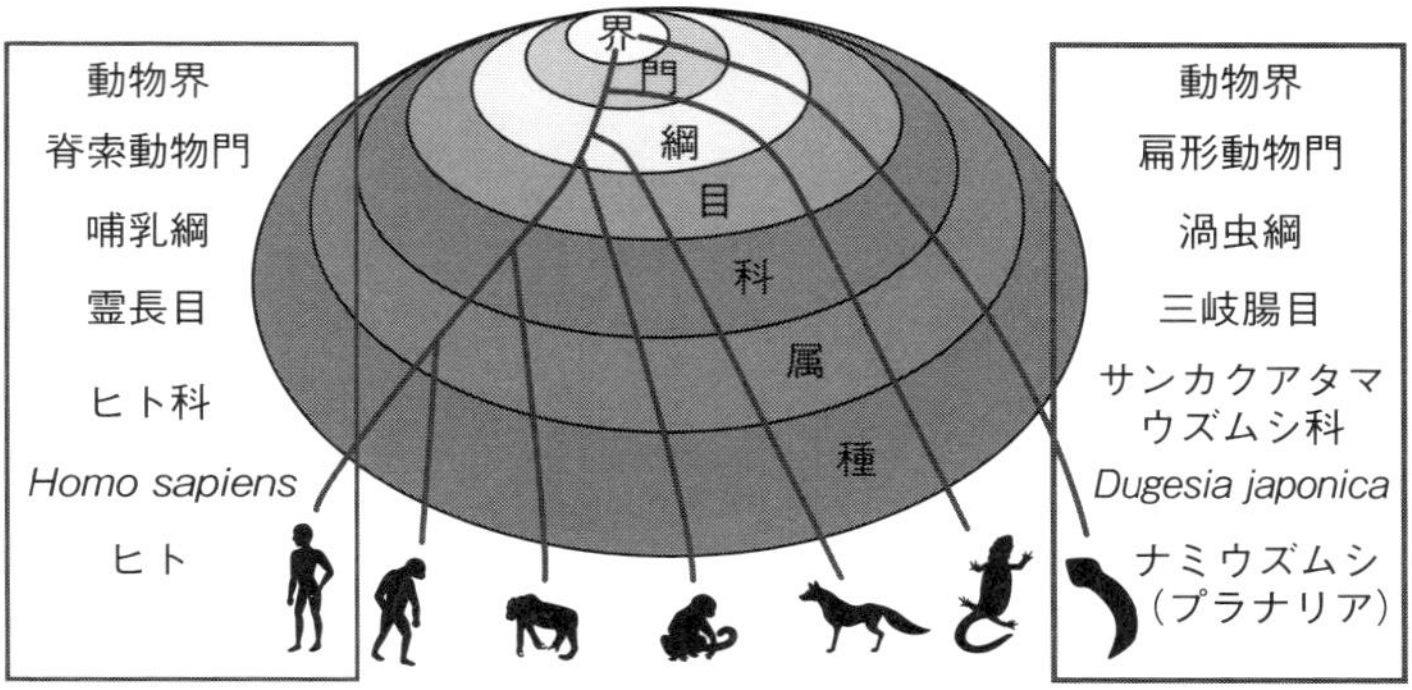

図1·1　分類階層の概念図
学名は属名と種小名の二名法によって表される。ここではヒトとナミウズムシ（プラナリア）の記載例を示す。ヒトやナミウズムシといった呼称は学名に対して和名とよばれる。

他に、多岐腸目《たきちょうもく》のヒラムシ類と多食目のマクロストマム類についても紹介します。

扁形動物門の動物は綱のレベルで渦虫綱の他に、吸虫綱、単生綱、そして条虫綱の4群に分けられます。渦虫綱の動物は自由生活性ですが、他の3綱の動物はすべて寄生性です。読者の皆さんも聞いたことがあるかもしれない有名な例として、吸虫綱のカンテツ（図1・2）や条虫綱のエキノコックス（図1・3）が挙げられます。寄生性の扁形動物は畜産業へ甚大な被害を与えて経済的な問題を引き起こすだけでなく、人類の健康を害しています。寄生性の扁形動物は複数の宿主を必要としますが、宿主に応じて生き残り作戦を変えます。その仕組みが明らかになれば、繁殖を止める手段を講ずることが可能になると期待できます。親戚であるプラナリアの生き残り作戦と共通

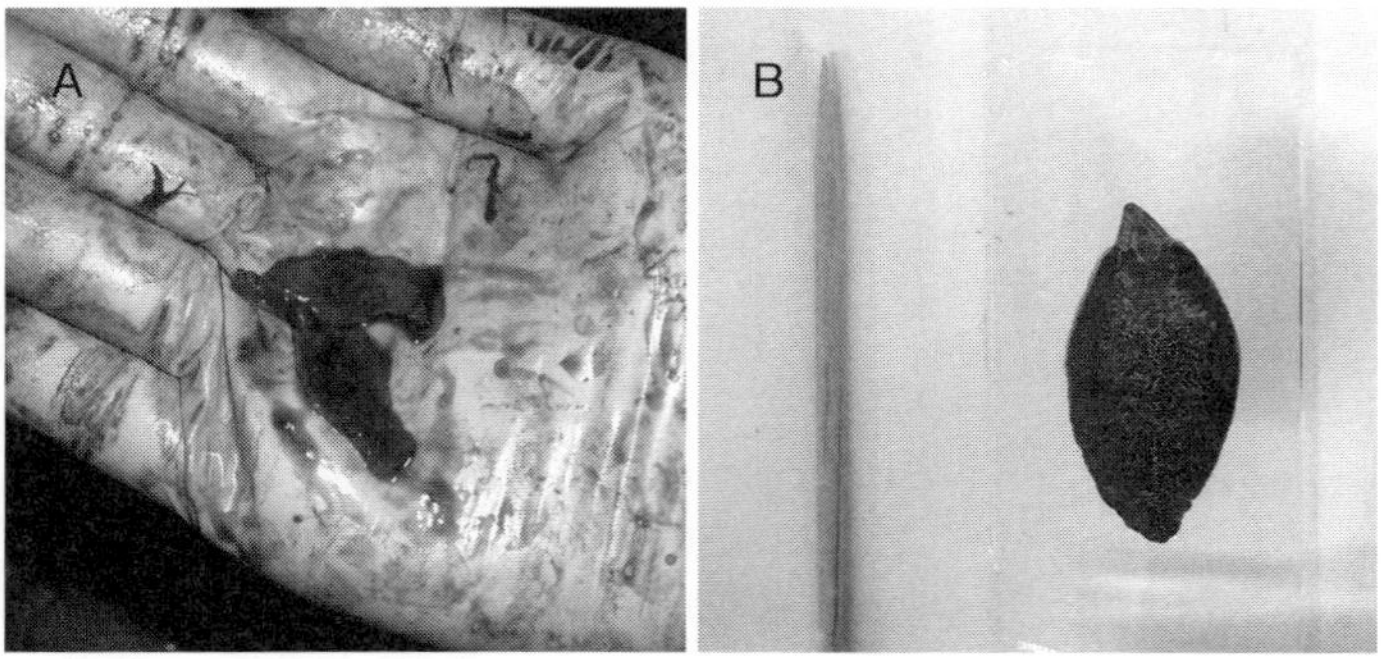

図 1·2　カンテツの成虫
成虫は終宿主の肝臓で発育する。カンテツの生活環については図 4·2 を参照。A はウシの肝臓に寄生していたカンテツ 2 匹を手術で取り出したところ。B はカンテツの押しつぶし標本。左の棒はつまようじ。（写真提供：関まどか）

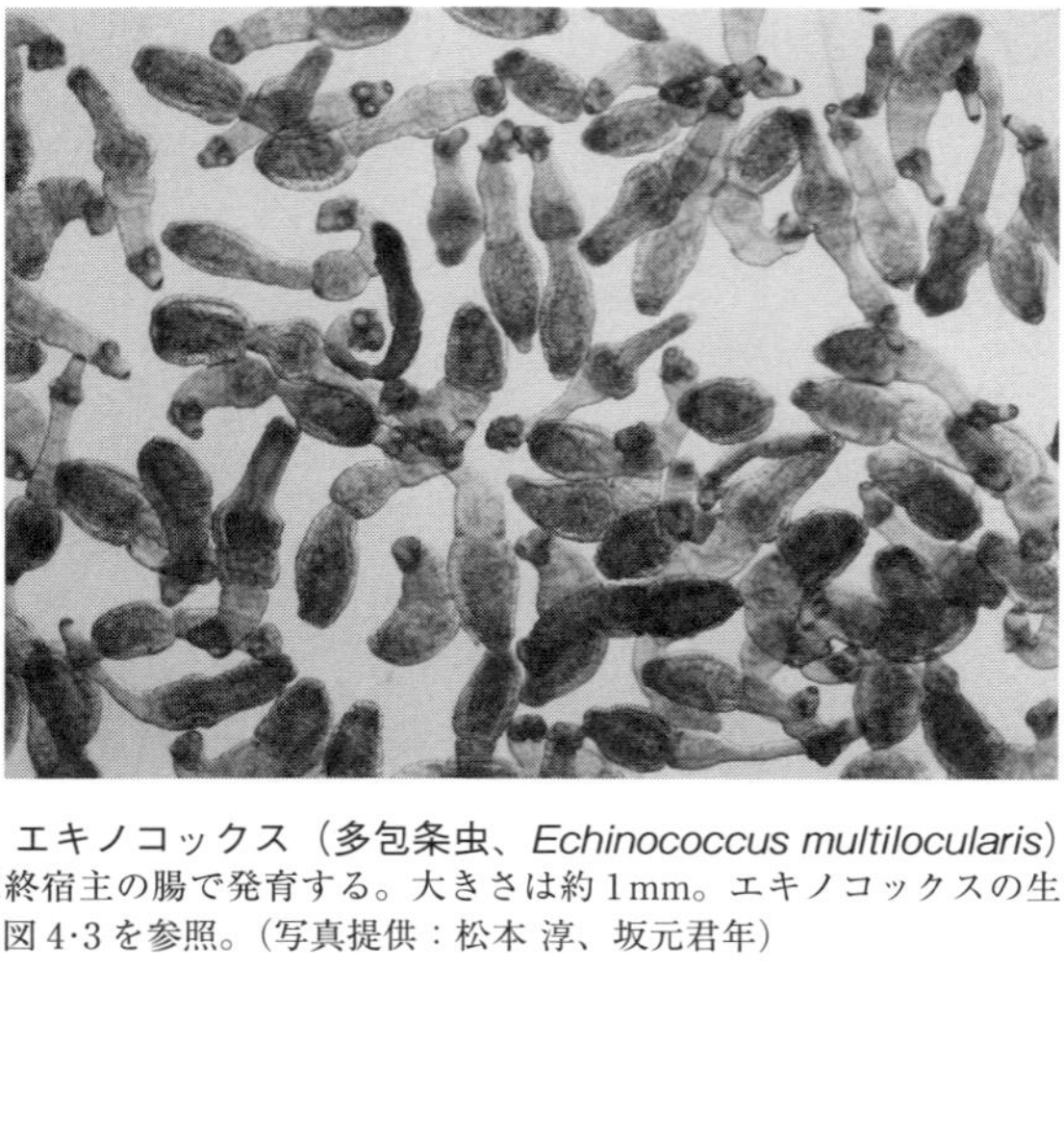

図 1·3　エキノコックス（多包条虫、*Echinococcus multilocularis*）の成虫
成虫は終宿主の腸で発育する。大きさは約 1 mm。エキノコックスの生活環については図 4·3 を参照。（写真提供：松本 淳、坂元君年）

する仕組みが、寄生性の扁形動物にあるかもしれませんから、扱いの容易な淡水棲ウズムシの研究から得られる知識は重要だと思います。

2 ウズムシ類（三岐腸目）

三岐腸目に属している淡水棲ウズムシ類が、一般にプラナリアとよばれている動物です。日本では4科6属、約20種が同定されています [1-2]。ある種の淡水棲ウズムシは後の章で紹介するように強い再生能力をもっていて、古くから研究材料に使われていることや、飼育も簡単であるので、一般の方にも馴染みがあるのだと思います。しかし、すべての淡水棲ウズムシが強い再生能力をもっているわけではありません。特に頭尾軸に直行するように虫体を切断したときに、頭部側の断片は尾部を再生できますが、尾部側の断片からは頭部を再生できない種がいくつか知られています（図1・4）。これらの種では、ウズムシ類でみられる横分裂と再生による無性生殖（3章で紹介する）は起こるわけがありません。言い換えると、尾部側の断片からは頭部（脳）を再生できない種の生き残り作戦は、有性生殖（3章で紹介する）に限定されているわけです。つまり、再生能力と無性生殖とは関係があるといえます。なぜ、尾部断片から頭部（脳）が再生できないかという問題は、兵庫県立大学の梅園良彦博士らによってその仕組みが解明されています [1-3]。

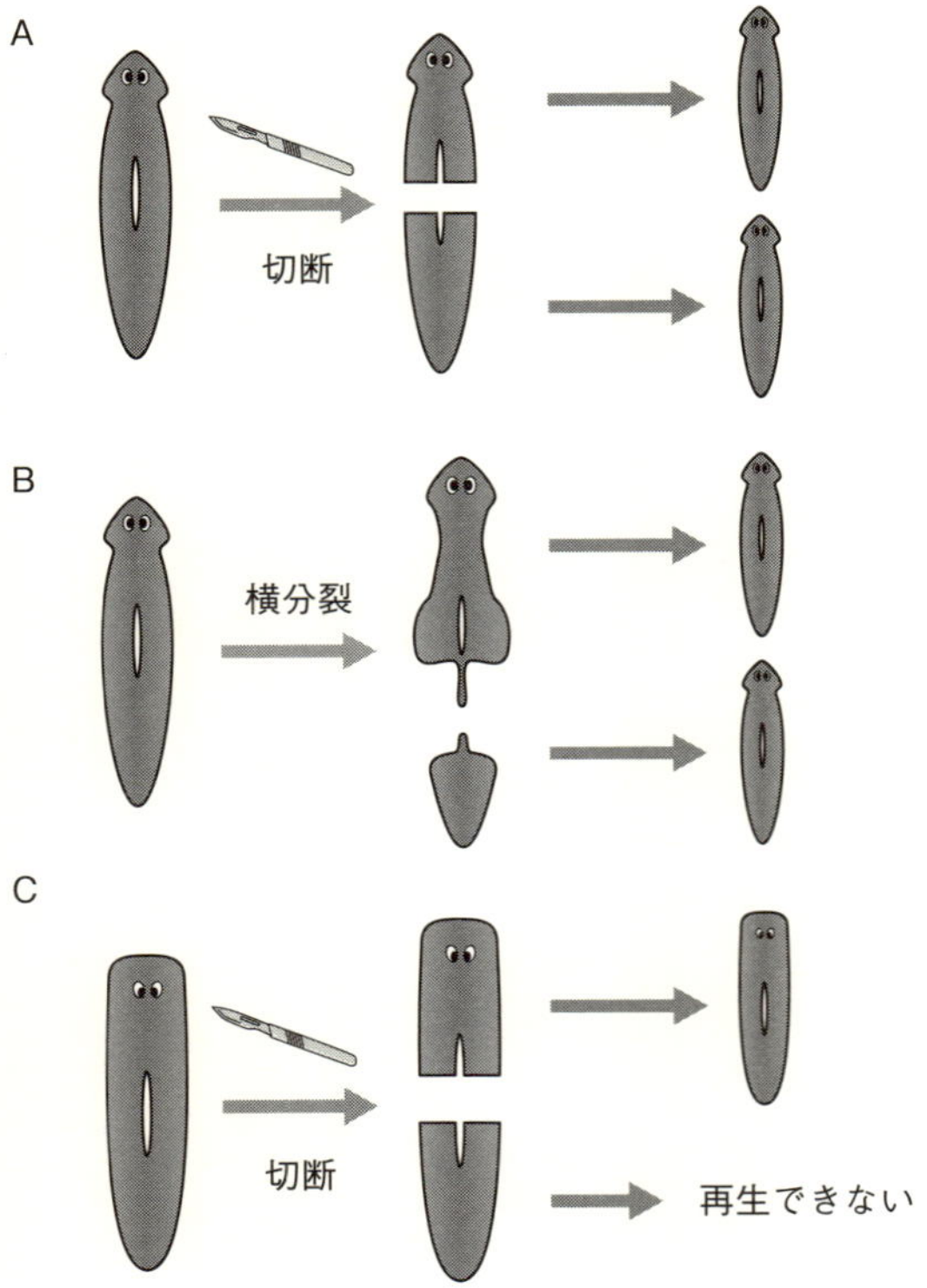

図 1·4　種によって異なる頭部再生能力

A：カズメウズムシ（図 1·5B）やナミウズムシ（図 1·5G）などは、頭尾軸に対して直行して切断すると、頭部、尾部の両断片が完全に再生することができる。B：頭部断片、尾部断片が再生可能な種は、自然に体を引きちぎり二分する「横分裂」によって無性的に個体数を増やすことができる。C：トウホクコガタウズムシ（図 1·5D）やイズミオオウズムシ（図 1·5F）などは、頭尾軸に対して直行して切断すると、頭部断片は尾部を再生できるが、尾部断片は頭部（脳）を再生できない。このような種では横分裂は通常起きない。

弘前大学がある青森県には３科５属７種が生息しており（図１・５）、比較的、淡水棲ウズムシ類を採集しやすい地域です。ミヤマウズムシ（*Phagocata vivida*）、カズメウズムシ（*Seidlia auriculata*）、キタシロカズメウズムシ（*Polycelis sapporo*）は山間部でよく見られ、多数採集することができますが、研究室では４～10℃という低温で維持しなければならず、一般の方が自宅で飼育するのにはあまり適していません。トウホクコガタウズムシ（*Phagocata teshirogii*）とキタシロウズムシ（*Dendrocoelopsis lactea*）は、採集地が限定的で採集個体数もそれほど期待できません。低地でも採集できるのがイズミオオウズムシ（*Bdellocephala brunnea*）とナミウズムシ（*Dugesia japonica*）です。これらのウズムシは研究室でも15～20℃で維持することができます。イズミオオウズムシは短期間維持することはできますが、尾部断片から頭部が再生できない種であり無性的には繁殖しません。有性的には繁殖可能ですが、研究室では産卵時期や産卵頻度が安定せず、また、孵化した個体が成熟するのに1年ほどかかるため繁殖させることが困難です。ナミウズムシは三角頭のいわゆる「プラナリア」です。ナイフで細かく切断し、10～20断片にしてもすべて再生することができます。日本から発信されたプラナリアの再生研究の成果のほとんどがこの種を材料にしています。当然、無性生殖も可能であり、プラナリア研究者は１個体から無性的に増殖させたクローン集団（「株」とよんでいる）を研究材料にしています。筆者らの研究室では、前任の石田幸子教授が１９８４年に沖縄で採集したリュウキュウナミウズムシ

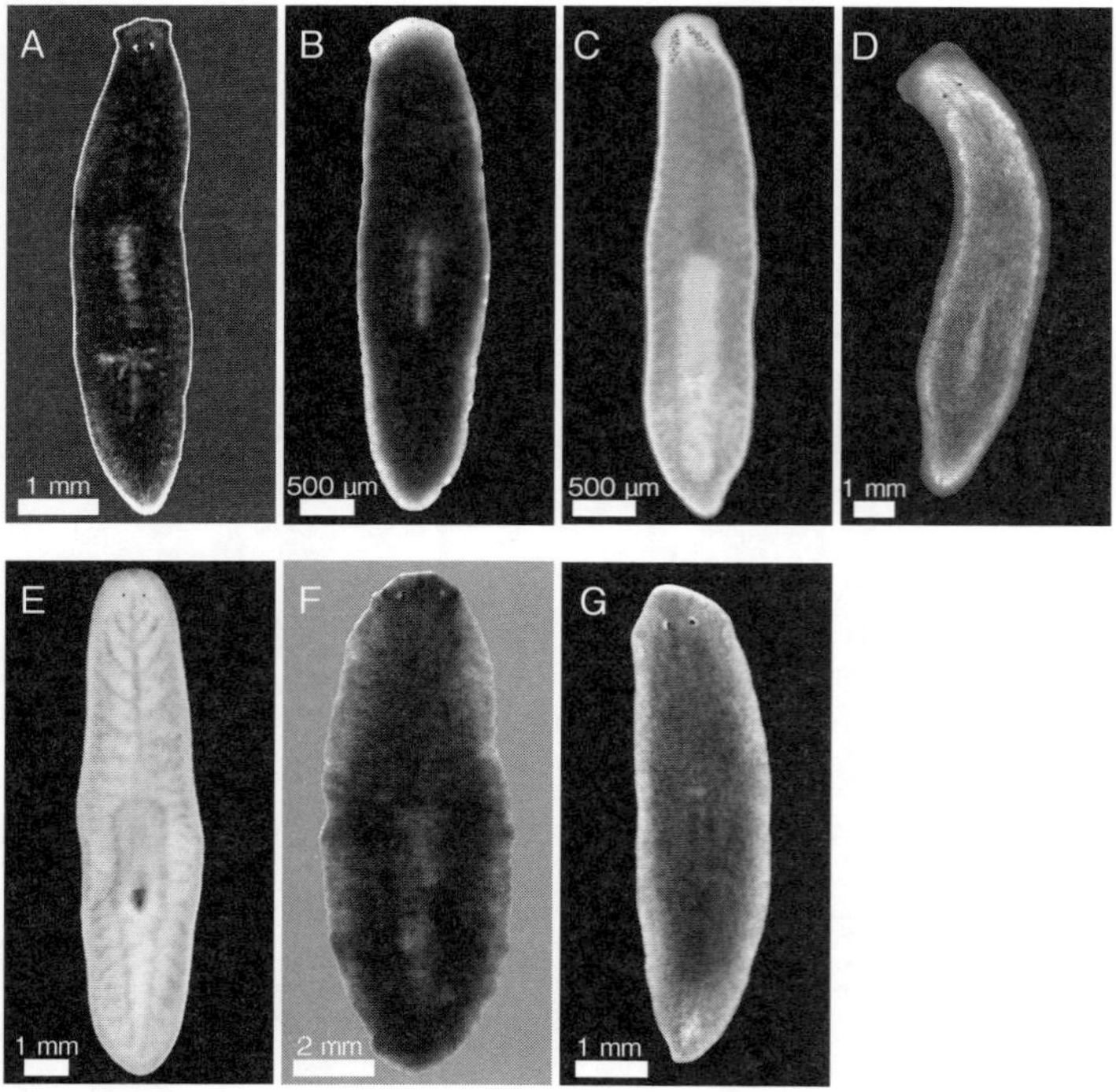

図1·5　青森県に生息する淡水棲ウズムシ
A：ミヤマウズムシ（*Phagocata vivida*）、B：カズメウズムシ（*Seidlia auriculata*）、C：キタシロカズメウズムシ（*Polycelis sapporo*）、D：トウホクコガタウズムシ（*Phagocata teshirogii*）、E：キタシロウズムシ（*Dendrocoelopsis lactea*）、F：イズミオオウズムシ（*Bdellocephala brunnea*）、G：ナミウズムシ（*Dugesia japonica*）

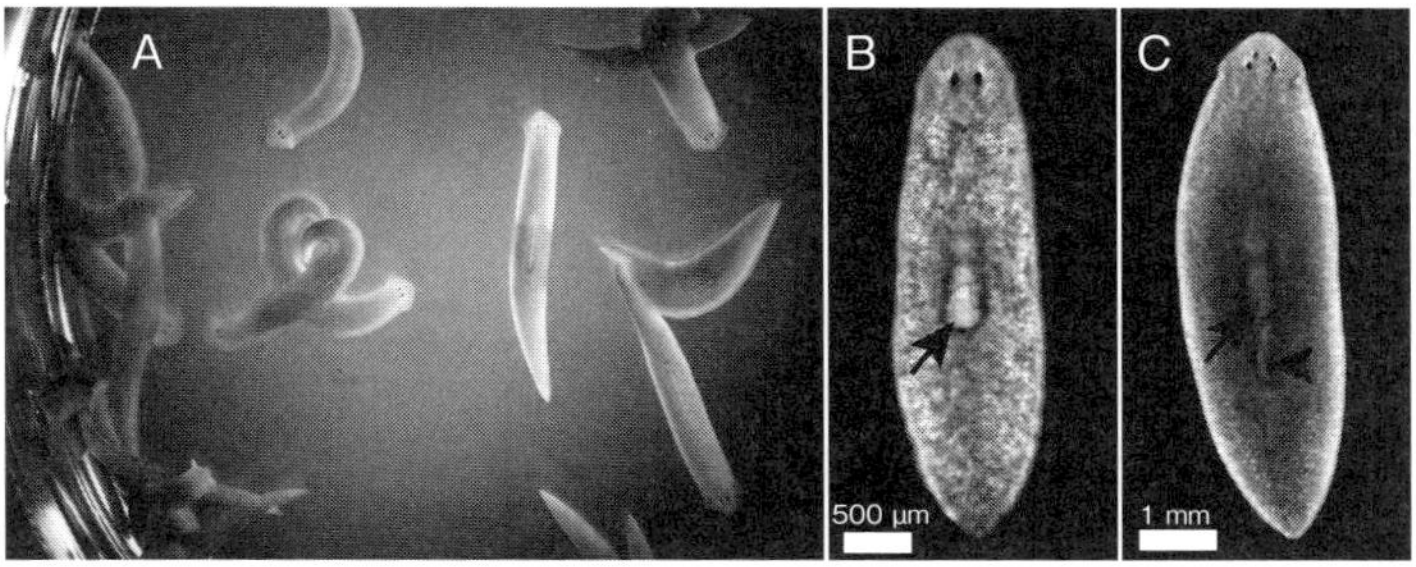

図1·6　AとBはOH株の無性個体。生殖器官をもたず無性生殖で増殖している。CはOH株無性個体を実験的に有性化した個体。雌雄の生殖器官をもち（雌雄同体）、有性生殖を行う。矢印は咽頭。矢尻は交接器官。ウズムシの生殖方法や生殖様式転換現象については3章と4章で詳しく説明する。

（*Dugesia ryukyuensis*）1個体に由来するクローン集団、OH株（沖縄[Okinawa]で採集して弘前[Hirosaki]で株化したことに由来する）を樹立しています（図1・6）。現在、世界で最も研究材料として使われているウズムシは、ゲノム情報が公開されているシュミッティア・メディテラニア（*Schmidtea mediterranea*）です（http://smedgd.neuro.utah.edu）（図1・7）。

同じウズムシ類に属するといっても、それぞれの種や株によって再生能力や生殖様式などに違いがあります。リュウキュウナミウズムシのOH株は生殖戦略（生き残り作戦）を研究する上で適した材料だといえます。

淡水棲ウズムシは湧き水、河川や池に生息しています。維持しやすく再生能力も高いナミウズムシは高めの水温でも平気なので、たいていは平地の河川の転石の裏側を調べると見つけることができます（図1・8）。絵画や書道用の筆でやさしくウズムシを石からとります。水深が深い場合や、大量に採集したい場合は、ニワトリやウシのレバーを用いてトラップを仕掛けます。約1cm片に切ったレバーを瓶にいれて、そのまま河川に沈めるだけです。ウズムシが通過できるくらいの小さな穴を開けた蓋をすると他の動物にレバーを取られません。ウズムシがレバーを食べている時間は20～30分くらいですから、レバーを探し当てる時間も含めて1時間ほどでトラップを引き上げることをおすすめします。

研究室では水道水を煮沸して脱塩素したものを飼育水として用いています。水槽としてはプラスチック製

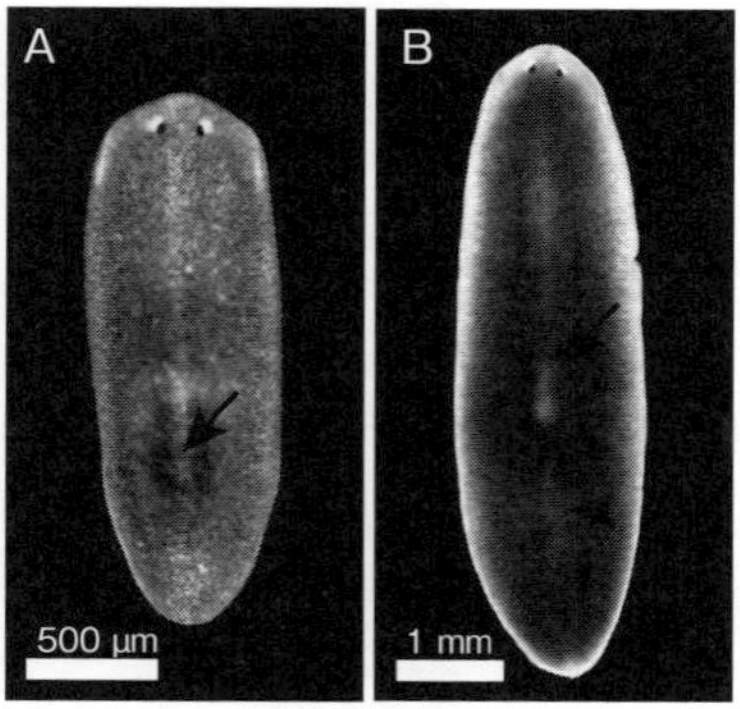

図1·7　ヨーロッパ産のウズムシ（*Schmidtea mediterranea*）
Aは無性系統個体。Bは有性系統個体。矢印は咽頭。矢尻は交接器官。リュウキュウナミウズムシのように生殖様式は転換しない。*Schmidtea mediterranea* は基本的に有性種であり、無性系統個体は染色体異常による突然変異系統と位置づけられている。

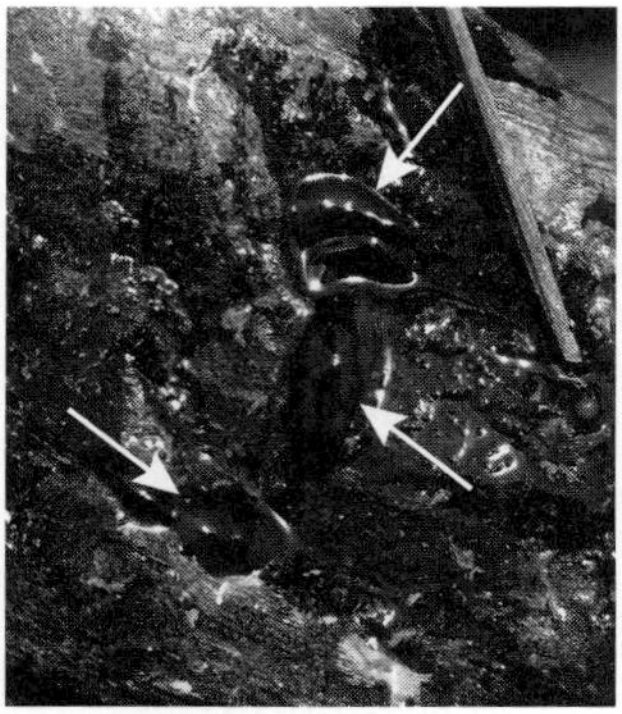

図1·8　転石についているウズムシ（矢印）
採集地は沖縄。リュウキュウナミウズムシと思われる。慣れてくると動きでヒル（蛭）などと区別がつくようになる。

の容器が使いやすいです。1Lの飼育水に対して100匹くらいの生息密度ですとエアポンプを使う必要はありませんが、週に1回は飼育水の交換をすることが望ましいです。餌は1～2週ごとにレバーを与えます。レバーは購入してすぐに細かくハサミで切り、ラップに包んで冷凍庫に保存しておくと便利です。ウズムシを扱うには筆の他に駒込ピペットも便利です。私たちは10mL駒込ピペットの先端をウズムシがスムーズに通過できる大きさになるよう切断し、危険のないようバーナーで先端部を溶かして丸めたものを使用しています。

ウズムシ類には淡水だけでなく、海水棲や陸棲のものもいます。海水棲ウズムシでよく知られている種は、カブトガニに外部寄生しているカブトガニウズムシ（*Ectoplama limuli*）です。陸棲ウズムシはリクウズムシ科に分類されており、形態的特徴によりさらに4つの亜科（ビパリュウム亜科、リンコデムス亜科、ミクロプラナ亜科、ゲオプラナ亜科）に分けられます[1-4]。日本ではビパリュウム亜科のウズムシが少なくとも20種が生息しています[1-2]。ビパリュウム亜科のウズムシは和名をコウガイビルというために環形動物のヒルと混同されることがありますが、まったく異なる動物です。他の3亜科の動物の和名は○○リクウズムシになります。外来種といわれるオオミスジコウガイビル（*Bipalium nobile*）は、梅雨時期から夏にかけて都会でもよく見られ、長さが1m近くになるものもいます（図1・9）。弘前大学白神自然研究所の周辺では、種同定されていないと思われるコウガイビルやリンコデムス亜科のリクウズムシが採集されてい

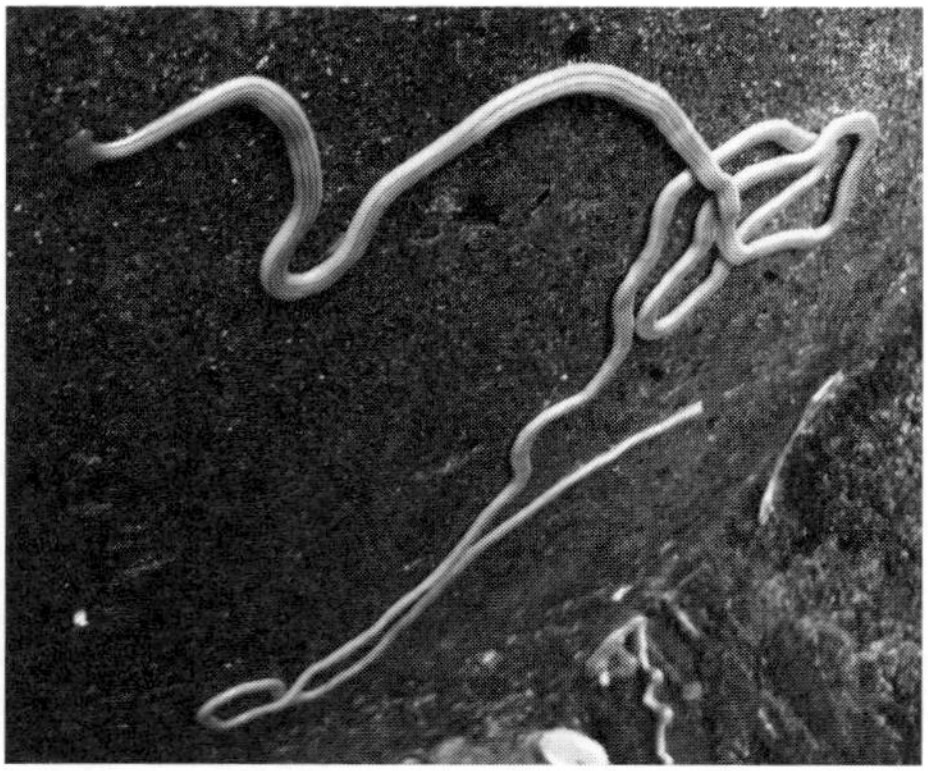

図1·9　壁を伝うオオミスジコウガイビル
長さは50 cmを優に越えている。梅雨時期になると歩道や壁を移動している個体をよくみかける。写真は神奈川県横浜市港北区にある慶應義塾大学日吉キャンパス内で撮影。

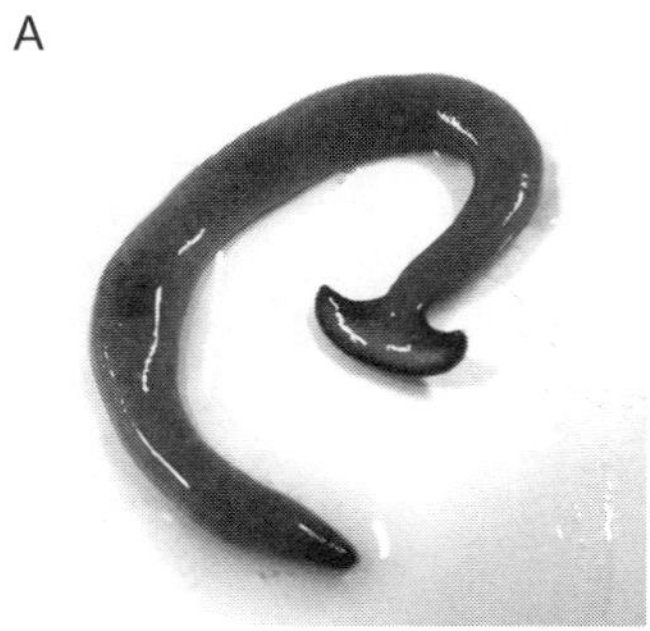

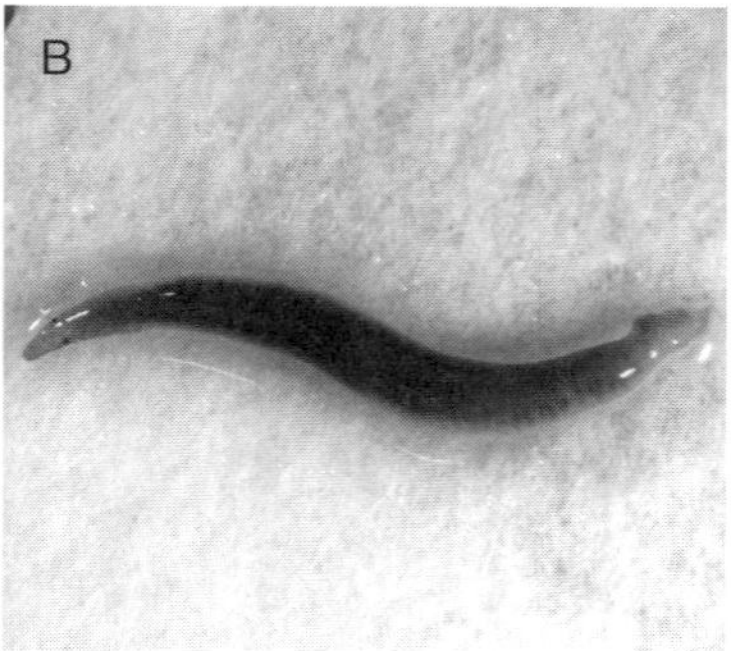

図1·10　弘前大学白神研究所の周辺でみつかる陸棲ウズムシ
Aはコウガイビルの一種。頭の形が「笄(こうがい)」に似ているところから、名前が付いた。体長10cmくらい。Bはリンコデムス亜科のリクウズムシの一種。体長5mmくらい。

ます（図1・10）。陸棲ウズムシには淡水棲ウズムシと同じく再生能力が高いものがいるので、無性生殖をするものもいると考えられますが、分類学的知見だけでなく、彼らの生殖に関する研究は、淡水棲ウズムシほど進んでいません。まずは、飼育環境を整えて、研究室で維持できるようにすることが重要だと思います。

3 ヒラムシ類（多岐腸目）

多岐腸類はすべて海水棲のプラナリアで、和名をヒラムシといいます。先述のカブトガニウズムシのように三岐腸類でも海水棲のものもいますが、顕微鏡を使わずに扱える大型の海水棲プラナリアといえば、ヒラムシと考えてほとんど間違いはないと思います。再生能力はありますが、尾部断片から頭部（脳）を再生できません。これまで、無性生殖を行うものは報告がなく、すべての種が有性生殖で子孫を残していると考えられます。日本では19科40属150種が確認されています[1-2]が、潮下帯にある転石に付着していて容易に採集できるものは、ウスヒラムシ（*Notoplana humilis*）、ツノヒラムシ（*Planocera reticulata*）、オオツノヒラムシ（*Planocera multitentaculata*）、ナツドマリヒラムシ（*Pseudostylocus intermedius*）などそれほど種類は多くありません（図1・11）。青森県では、フチアナヒラムシ（*Cycloporus* sp.）の一種は沿岸部では

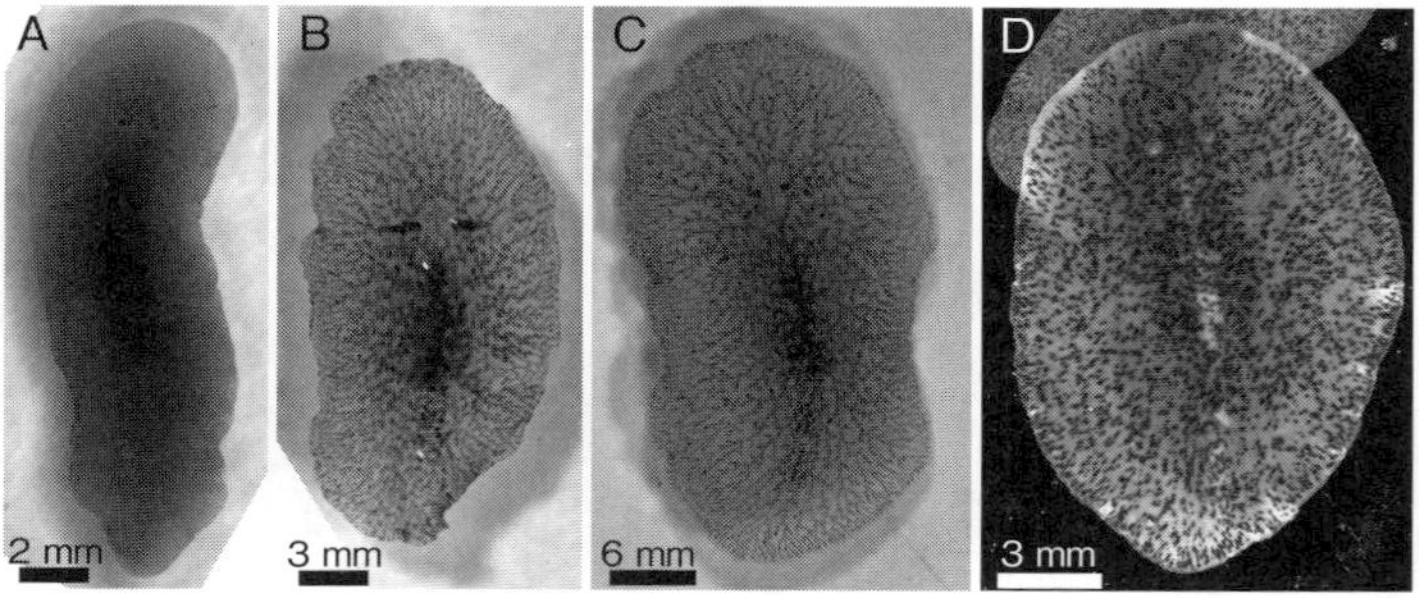

図 1·11　A はウスヒラムシ。B はツノヒラムシ。C はオオツノヒラムシ。D はナツドマリヒラムシ。（写真提供：岡野大輔）

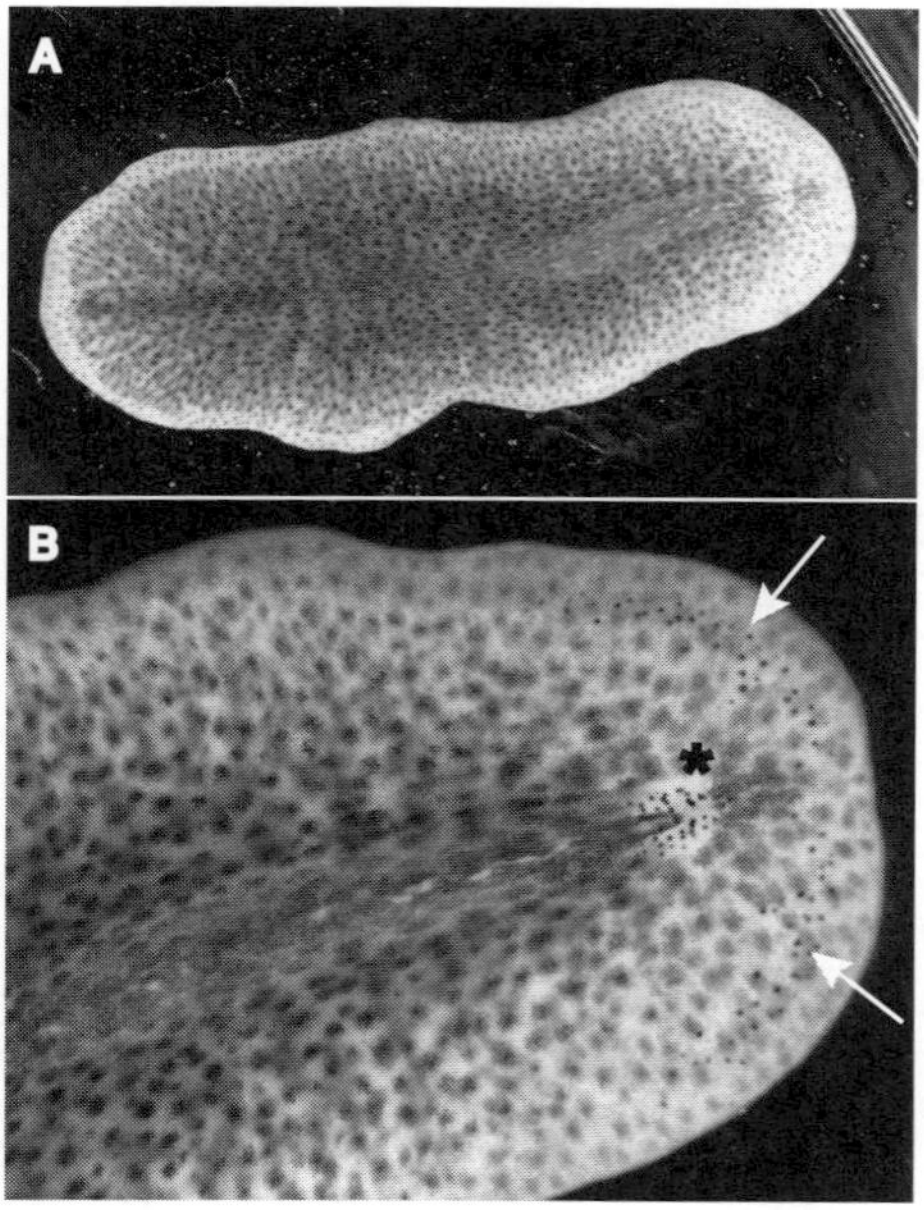

図 1·12　A はフチアナヒラムシの一種。体長 4 cm くらい。右側が頭部。B は頭部の拡大。縁辺部の眼点（矢印）と脳の上側にある眼点（*）がある。脳の眼点のすぐ後方に咽頭がある。（動物提供：吉田 達）

見られませんが、少し沖にあるホタテの養殖かごについています（図1・12）。ヒラムシは淡水棲ウズムシに比べて研究が進んでいませんが、陸棲ウズムシと同じく研究室で維持することが難しいことが大きな理由だと思います。最近、宮城教育大学の出口竜作博士らのグループが、イシダタミの外套腔に生息するカイヤドリヒラムシの飼育に成功しました[1-5]（図1・13）。今後、その再生や胚発生の仕組みがさらに解明されていくと期待されます。

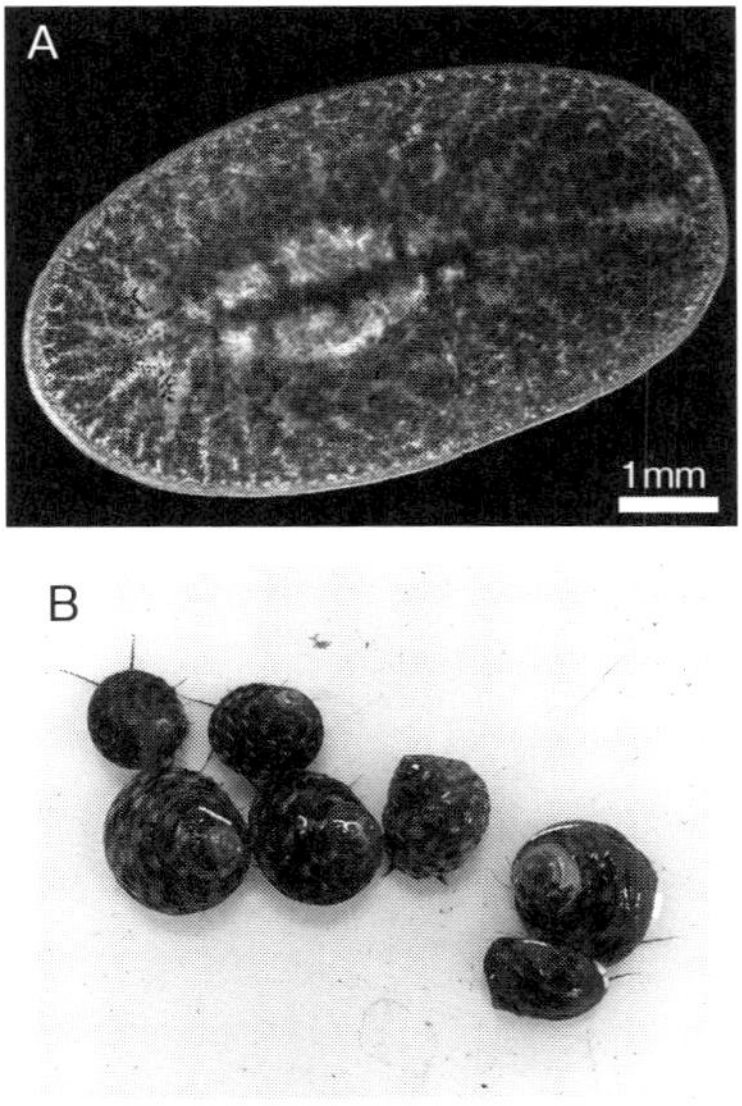

図1·13　Aはカイヤドリヒラムシ。左側が頭部。眼点が多数あるのがわかる。Bはカイヤドリヒラムシがよく生息しているイシダタミという巻貝。潮間帯でよく見られる。大きさは1cmくらい。（写真提供：出口竜作）

4 マクロストマム類（多食目）

暑い夏。皆さんも海水浴に行くことがあるでしょう。でも砂浜を歩いていて、自分の足の下にも生き物がいるなんて想像したことがあるでしょうか。砂の中には意外にもさまざまな生き物がいます。そのうちの一つに、これからお話しするマクロストマム類というプラナリアの仲間がいます。マクロストマムという名前は「大きな口をした」という意味で、ギリシャ語の「大きな（μάκρος, macros）」という単語と、「口（στόμα, stoma）」という単語から成り立っています。分類学的には渦虫綱 多食目に属しています。多食目はマクロストマム科、ドリコマクロストマム科、そして、ミクロストマム科の3科からなりますが、マクロストマム類といえばマクロストマム科のものを指しています。

マクロストマムの中でも特にたくさんの研究がなされているのが、マクロストマム・リニアーノ（*Macrostomum lignano*）という種です[1-6]（図1・14）。研究室で簡単に維持でき、少ない細胞数（約2万5千個）、短いライフサイクル（約20日間）という特徴をもっています。また、淡水棲ウズムシでは困難である遺伝子改変個体を得ることに成功しており、新たなモデル動物として期待されています（http://macrostomorpha.info/）。リニアーノというのはイタリアのアドリア海に面した小さな観光都市の名前で、その名の通り、マクロストマム・リニアーノはその都

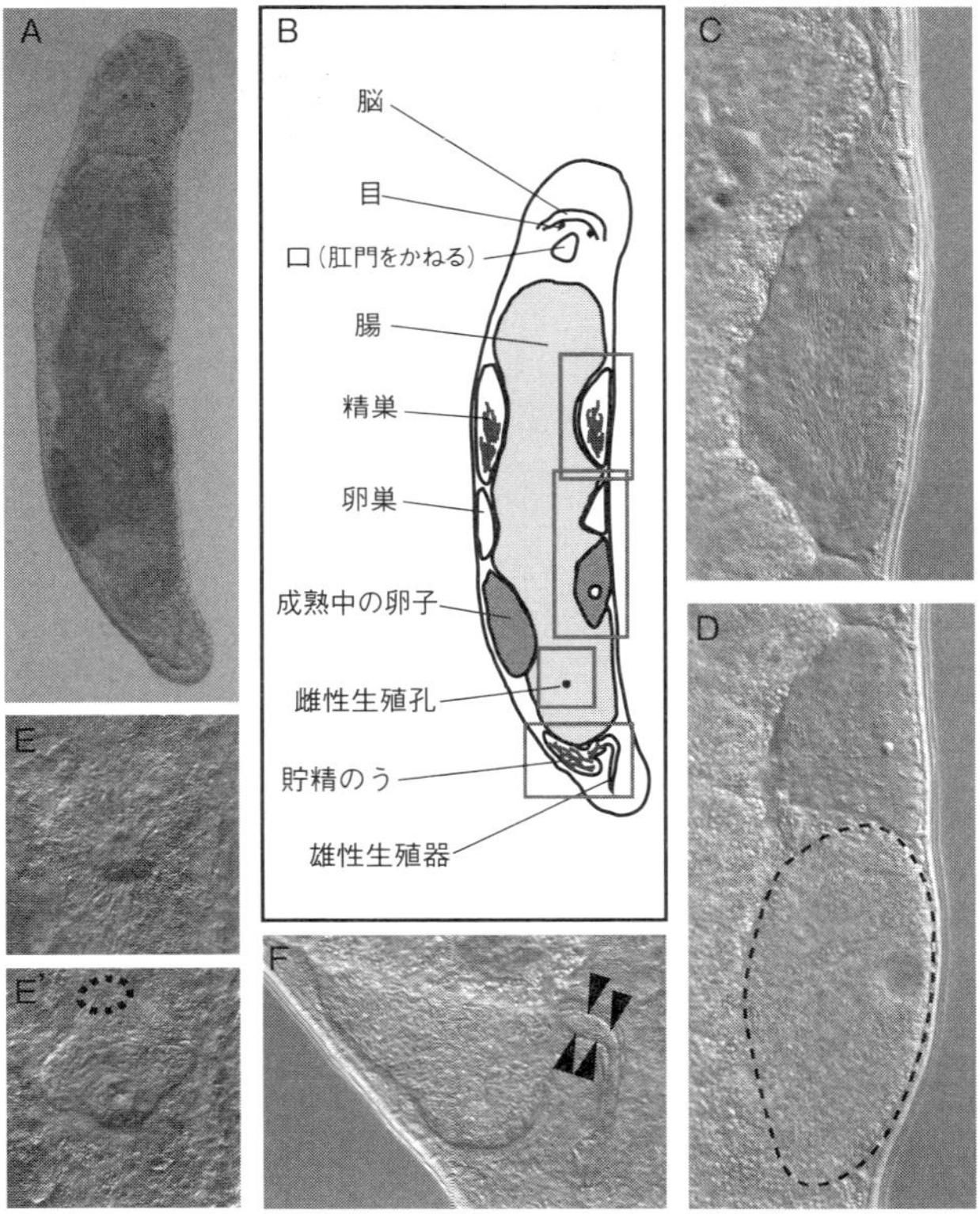

図 1·14　A はマクロストマム・リニアーノの全体像。B はその模式図。ボックスで囲んだ部分を拡大したものが、上から順にそれぞれ C から F の図に対応する。C は精巣。精巣の中で形成された細長い精子が無数につまっているのが観察できる。D は卵巣およびその外側で成熟中の卵母細胞（点線内）。E は体表にある雌性生殖孔。そのまま微分干渉顕微鏡の焦点をもう少し深部に合わせると、E' のように雌性生殖腔を見ることができ、相手から受け取った精子が観察できる。受け取った精子の多くは点線内のところに突き刺さっており、産卵時に受精できるのを待っている。F は貯精のうおよび雄性生殖器（ペニス）。雄性生殖器には矢尻に示されるような付属腺が付いており、ここからさまざまなタンパク質などが分泌されて精子と一緒に相手に受け渡されると考えられている。（写真提供：Dr. Lukas Schärer）

市の海辺にいます。

海は一日のうちに引き潮と満ち潮があります。引き潮の時に現れ、満ち潮になると水に隠れてしまうような場所をとくに潮間帯といいますが、マクロストマム・リニアーノはこの砂浜の潮間帯で見つけることができます。適度に湿り気のある海砂や泥の粒子の隙間に生息していますが、体長1ミリほどの小さな生き物なので、なかなか肉眼では気づかないでしょうね。でも体が透明なので、顕微鏡で観察すると、体の中の構造がよく見えます。ただし、人間のように複雑な内臓器官があるわけではありません。

写真（図1・14A、B）でおわかりのように、体の大部分を腸が占めています。他のプラナリア同様、肛門はなく、口から取り込んだ珪藻類を腸で消化したら、ふたたび口を通して排泄します。つまり口が肛門の役割もかねているのです。次に目立つのは生殖器官です。大部分の扁形動物と同様、マクロストマム・リニアーノも雌雄同体であり、一つの体に精巣（図1・14C）と卵巣（図1・14D）を同時にもっています。だから砂の中で同じ種の誰かに出会いさえすれば、交尾（相互交尾）をして、子供を残すことができるのです。相手がオスかメスかなんて気にする必要はありません。だって自分も相手も、雌雄同体ですから。マクロストマムの素晴らしいところは、体が透明なので、貯精のう（嚢）のなかの精子（図1・14F）や、相手から受け取った精子が顕微鏡下で観察できるところです。相手からもらった精子は、生殖腔のある領域に突き刺さっています（図1・14 E、E′）。産卵の時、卵子はこの領域を通って外に出てくるのですが、そのときに精子の中の1匹と受精することになります。再生能力はありますが、ヒラムシと同じく尾部断片からは頭部（脳）を再生できず、また、無性生殖は行いません。

体が柔らかく傷つきやすい扁形動物を、海砂や泥から採集するには、工夫が必要です。とくにマクロストマムは尾部に接着用の分泌腺があるため、ただ砂を洗うだけでは単離できません。そこでマクロストマムの研究者たちは、集めた砂や泥を通常よりもマグネシウムの濃度を濃くした海水で洗い、砂や泥の間にいるマクロストマムを海水中に遊離させる方法をとっています。というのは、マグネシウムは筋肉の収縮に必要なカルシウムと拮抗するので、海水中に大量にあるとマクロストマムは筋肉が弛緩してしまい、力が入らない状態になるのです。適当な目の大きさの網でその海水を濾して砂を取り除き、顕微鏡をのぞくと、普段は砂の中にいるために見ることのできない、マクロストマムを含む多くの小さな生き物たちを観察することができます。少し難しい言葉をつかうと、このように砂の隙間に生息している生き物たちを間隙性《かんげきせい》動物とよびます。

マクロストマムは淡水、汽水、海水に生息し、世界的には100種以上の種が同定されています。しかし日本では淡水棲マクロストマムの報告が6種ほどあるのみで、海水棲マクロストマムの報告はまだありません。私たちは以前、マグネシウム海水法ではなく、海水氷法を採用して、日本で記載のない海水棲マクロストマムの調査を行いました[1-7]。海水氷法とは、凍らせた海水の氷

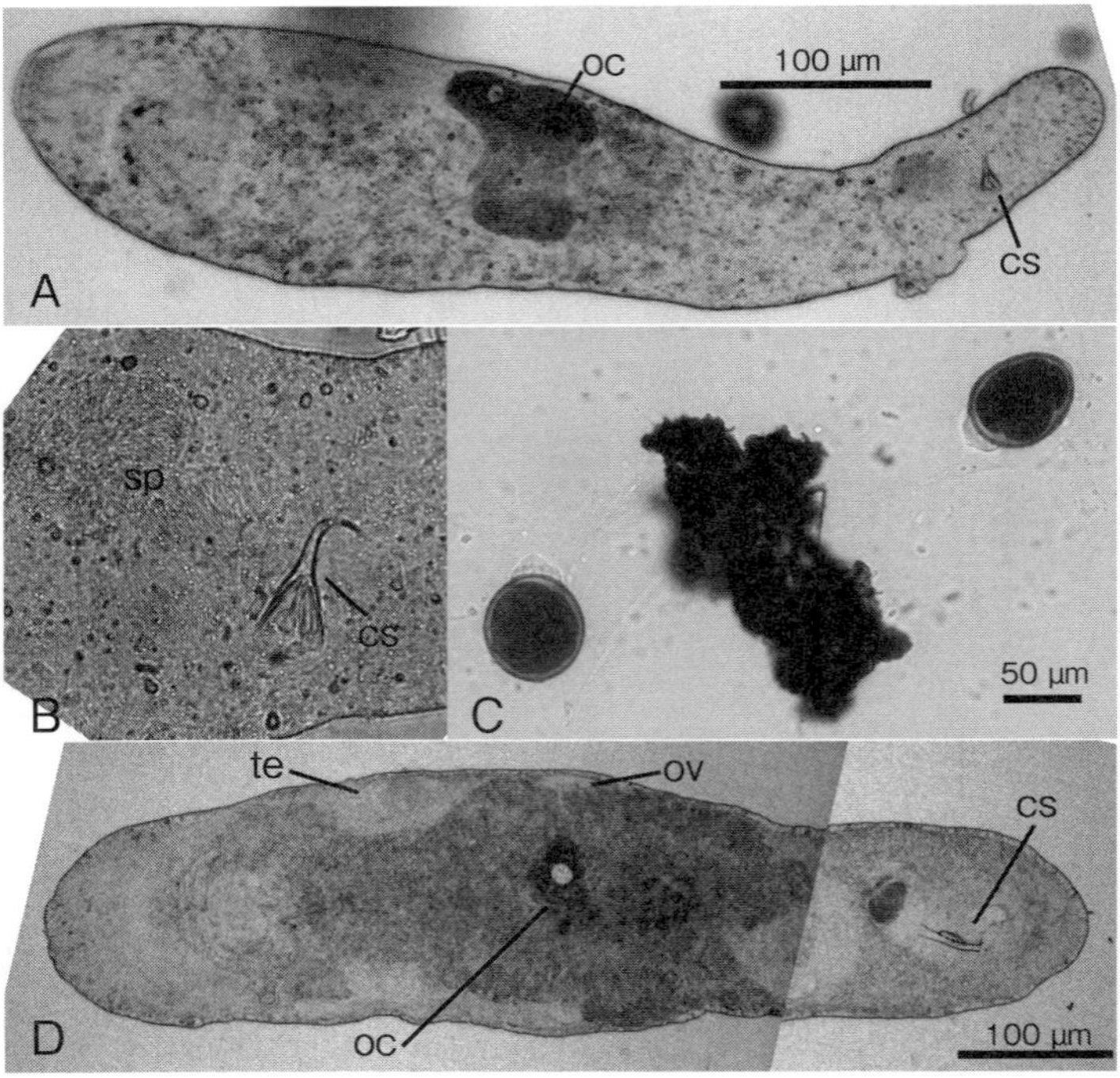

図 1·15　A は三浦半島で採集したマクロストマム属（*Macrostomum*）の 1 種。写真左側が頭部。oc は卵母細胞。cs は交尾針。ペニスに相当する。B は交尾針周辺の拡大図。精子が多数集まっているのがわかる。C はマクロストマム属の 1 種が産卵した卵。D は能登半島で採集したマクロストマム科に属するブラッドブリア属（*Bradburia*）の 1 種。写真左側が頭部。この種は眼をもたない。精巣（te）と卵巣（ov）の位置がよくわかる。

を円筒に詰めた海砂の上方に置き、低温から逃げる間隙性動物を下方で回収する方法です。その結果、神奈川県の三浦半島でマクロストトマム属の1種を、石川県の能登半島ではマクロストマム属と同じくマクロストマム科に属するブラッドブリア属（*Bradburia*）の1種を見つけることができました（図1・15）。すでに飼育方法が確立されているマクロストマム・リニアーノを参考にしてこれら2種の飼育を試みたのですが、残念ながら、リニアーノと同じ餌は食べてくれず、研究室で維持することはできませんでした。

5　プラナリアの多能性幹細胞（ネオブラスト）

種によって再生の速度や頭部（脳）を再生できるかどうかに違いがあるものの、プラナリアが私たちヒトを含む哺乳類に比べて圧倒的に再生能力が高いのはなぜでしょうか？　多細胞動物（後生動物）のなかでも原始的な動物であるプラナリアで、哺乳類の体にはないある種の細胞が、その再生能力に強く関係しているのです。

1個の受精卵から個体ができてくる胚発生や、失われた組織をもとに戻す再生現象の仕組みを解き明かそうとする学問を発生生物学といいます。１９５３年にジェームズ・ワトソンとフランシス・クリックによって、生命の設計図である遺伝情報の本体がＤＮＡであることがわかりました。この遺伝情報からｍＲＮＡが転写され、そしてさらにタンパク質に翻訳されるわけです。

胚発生ではさまざまな種類の細胞や組織ができてきます。例えば、目の構造物である水晶体ではクリスタリン、筋肉ではミオシンというタンパク質が、それぞれ特異的につくられているわけです。このように特異的な遺伝子の発現が起こって、特異的なタンパク質がつくられた結果、それぞれの機能をもった細胞や組織が形成されることを「分化」といいます。逆に、胚発生でまだ特別な細胞・組織になっていない状態を「未分化」であるといいます。

ＤＮＡの構造が明らかになる一年前の１９５２年に、ロバート・ブリックスとトーマス・キングは、ヒョウガエルの胚を材料にして画期的な実験系を確立して発生生物学的に重要な結果を得ました（図 1・16）。除核した受精卵に胚発生初期の未分化な細胞の核を移植すると、正常に発生が進むけれども、発生が進んで分化した核の移植では、発生が正常に起こらなかったのです。この結果は、現在の知見とあわせて考えると、分化した細胞核では、分子的な上書きが、ＤＮＡやＤＮＡと結合している核タンパク質に起こり、特異的な転写や翻訳だけが起こるようになり未分化でかつ多能性をもつ状態に戻れないと説明ができます。このように、ＤＮＡに刻まれた遺伝情報を変更することなく遺伝子発現を制御することをエピジェネティック制御とよび、現在、その研究が盛んに行われています。

ＤＮＡの構造が明らかになった１９５０年代には、一度分化した細胞が多能性をもつ状態に

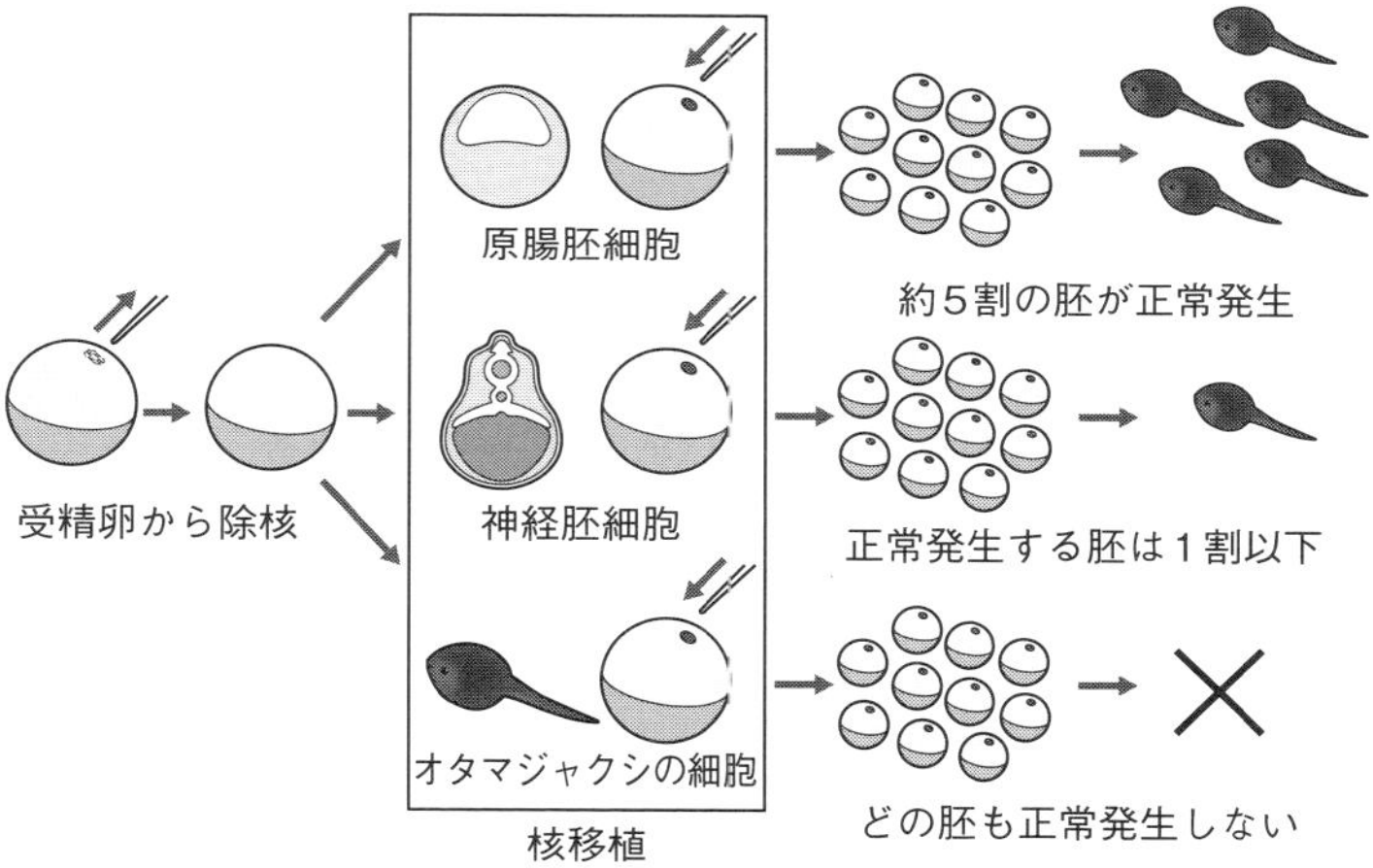

図 1･16　ヒョウガエルの胚の核移植実験
除核した受精卵に胚発生初期である原腸胚の核を移植すると約半数の移植胚がオタマジャクシになるけれども、ドナー胚の発生が進むにつれて移植胚のオタマジャクシ発生率が低下する。オタマジャクシの核では移植胚はまったくオタマジャクシにならない。

戻ることはないと考えられていました。その常識を覆したのが、２０１２年にノーベル生理学・医学賞を受賞したジョン・ガードンでした。１９６２年、ガードンはブリックスとキングの確立した実験系で、アフリカツメガエルの分化した小腸の上皮細胞の核移植でも完全な成体をつくりだすことに成功したのです。この結果から、分化した細胞核でも、卵細胞質の環境におかれると多能性を回復する（リプログラムされる）ことがわかりました。また、さまざま生物のクローンをつくるという企ての出発点となり、１９９７年にはイアン・ウィルムットとケイス・キャンベルによって、哺乳類で初となるクローン動物である羊のドリーが誕生します。しかし、分化した無傷の細胞が多能性をもつように、完全にリプログラムされるかという問題は残っており、多くの人は困難であると信じていました。

1981年にマウス胚発生初期の胚盤胞とよばれる発生段階の内部細胞塊から、ES細胞（胚性幹細胞）が樹立されました［1-8］。ES細胞は体を構成するすべての細胞へと分化できる多能性を維持したまま、半永久的に培養することが可能です。ES細胞の樹立は生命科学分野に重大な貢献をもたらしましたが、再生医療という点では、生命の源である胚を利用しなければならないという倫理的な問題もありました。そして、ついにES細胞の研究の知見が基盤となって、2006年に山中伸弥博士のグループがマウスの分化した細胞（線維芽細胞）から多能性をもつ幹細胞、iPS細胞を樹立しました［1-9］。分化した体細胞に由来するiPS細胞は、再生医療におけるES細胞の倫理上の問題を克服したわけですが、医学的な側面ばかりでなく、完全なリプログラムが困難であると考えられていた哺乳類の分化した体細胞が、「脱分化」して多能性を獲得できると証明した基礎生物学的な金字塔に対して、山中伸弥博士にはガードンとともに2012年にノーベル生理学・医学賞が授与されたわけです。

さて、随分長い前置きになりましたが、話をプラナリアの再生に戻しましょう。哺乳類の場合は、造血幹細胞や腸管上皮幹細胞、表皮幹細胞といったように、1種類あるいは複数の分化細胞を生じる幹細胞はもっていますが、ES細胞やiPS細胞のようにどんな細胞にでもなりうる多能性幹細胞は、人工的にはつくれるものの、自然状態では体中には存在していません。ところが、プラナリアには自然状態で多能性幹細胞が存在しているのです。プラナリアの多能性幹細胞は「ネオブラスト」とよばれています。この細胞がプラナリアの再生で大きな役割を果たしているわけです。

プラナリアは、中胚葉が出現したばかりの原始的な体制を維持していると考えられます。中胚葉性の組織が未発達なために、心臓など血管系は存在していません。プラナリアは他の後生動物と異なり、体腔をもたず無体腔動物ともいわれます（内胚葉性の組織でつくられる口と肛門をつなぐ管は第一次体腔とよばれます。一方、内胚葉性組織である腸と外胚葉性組織である表皮の間につくられた腔所を、第二次体腔とよび、こちらが一般的に「体腔」とよばれます）。プラナリアの腸と表皮の間には間充織が存在していて、そこを筋肉や神経が走行しています。また、高等学校の生物の教科書でも紹介される、排出器官である原腎管も散在しています。

ネオブラストは間充織を構成する細胞の一つで、全細胞数の20〜30％を占めています。ネオブラストは直径が約10 μmの細胞質領域が乏しい未分化細胞で、クロマトイドボディとよばれる顆粒状の構造物が電子顕微鏡レベルで観察できます（図1・17）。

ネオブラストはプラナリアの体細胞で唯一、細胞分裂を行う細胞です。普通、分裂能力をもつ

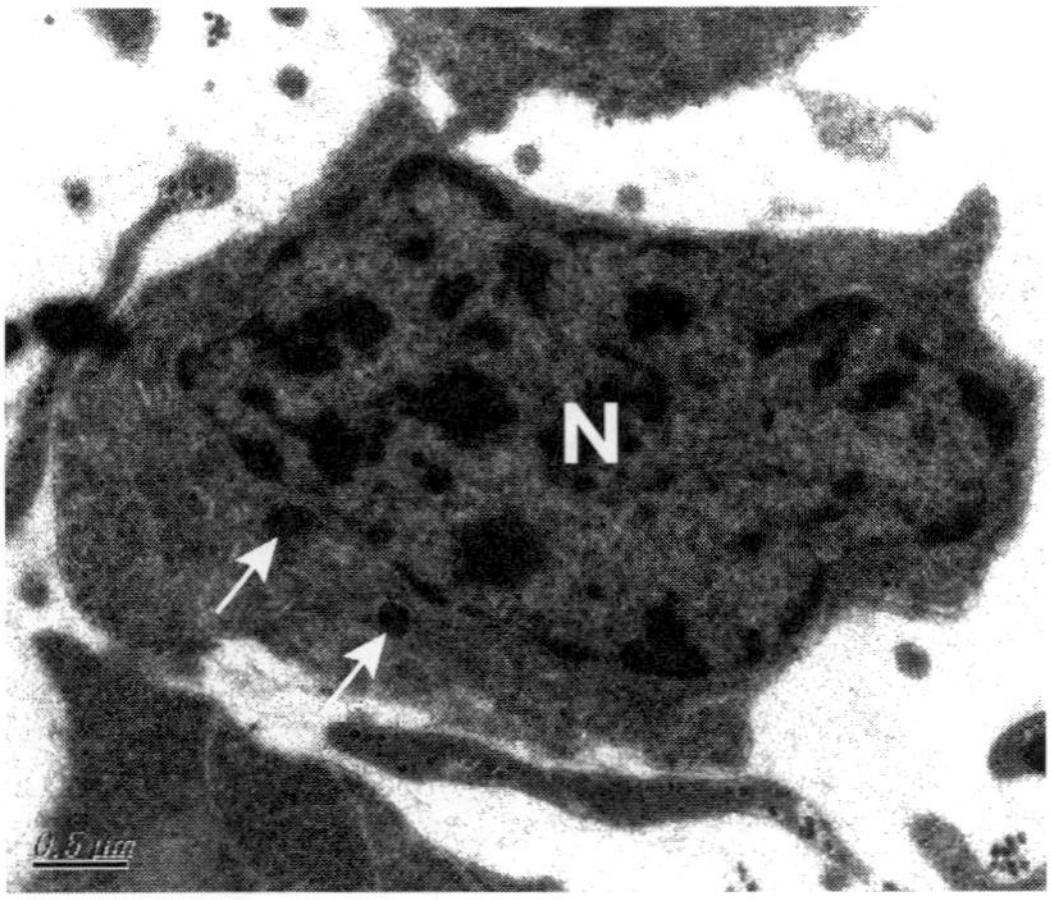

図 1·17　リュウキュウナミウズムシのネオブラストの電子顕微鏡像
大きさは約 10 μm。N は核。矢印がクロマトイドボディ。

細胞はX線に感受性が高く、X線照射によって細胞死してしまいます。ネオブラストも例外ではなく、高線量のX線照射によって、ネオブラストが数日で消失します。その結果、個体は即死しないものの、ネオブラストからの分化細胞の供給が停止するためにターンオーバー（組織や細胞の供給と死滅の動的平衡状態）が崩れ、組織がぼろぼろになって、いずれ崩壊して死んでしまう運命にあります。

ネオブラストの多能性は、１９８９年にスペインのジャウメ・バグーニャのグループによって、初めて実験的に示唆されました（図 1・18）[1-10]。X線照射によって崩壊死を迎える運命のウズムシに、X線を照射していないウズムシから集めたネオブラ

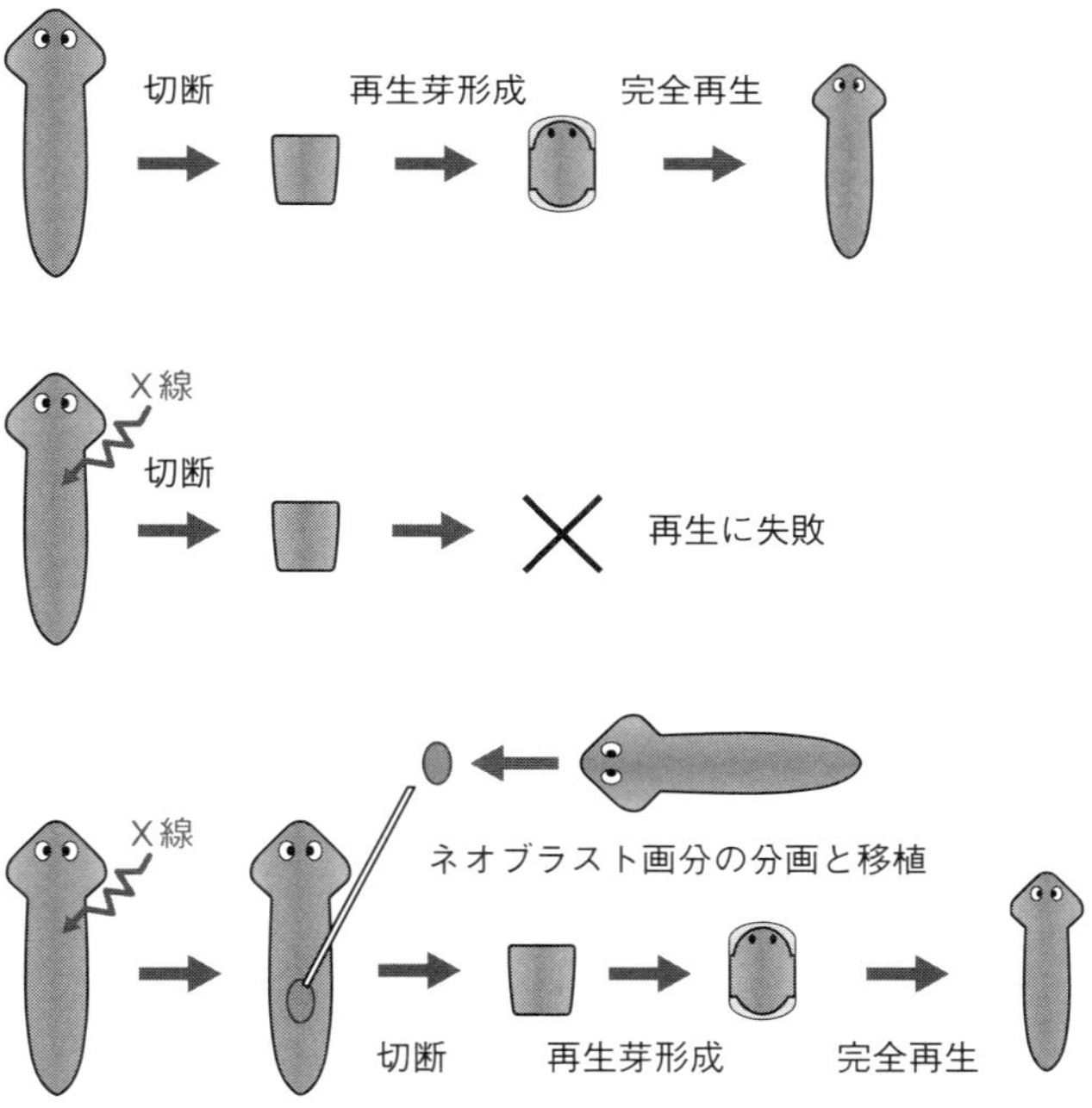

図1·18　ネオブラストの多能性を示唆する移植実験
X線照射によって崩壊死を迎える運命のウズムシは、切断後、再生芽を形成できずに再生に失敗する。しかし、X線を照射していないウズムシから集めたネオブラスト画分を移植することで、再生能力を回復させることができる。

ストを数千から1万個含む画分を移植することで、生存かつ再生能力を回復させせることに成功したのです。しかし、この時点ではネオブラストの多能性は完全には証明されていませんでした。なぜなら、数千から1万個というネオブラストは形態的特徴から選別されてきたもので、複数種の幹細胞を含んでいる可能性も否定できないからです。ＥＳ細胞やｉＰＳ細胞のように培養が可能であればこの問題は容易に解決できるのですが、ネオブラストの培養は現在でも成功していません。そのような中で、２０１１年にアメリカのピーター・レディンのグループは、たった1個のネオブラストの移植でジャウメ・バグーニャの実験を追試することができたのです [1-11]。このとき移植を受けるX線照射個体（ホスト個体）のネオブラストは完全に消滅していること、逆に生き残った個体を構成する細胞が、すべて移植した1個のネオブラストに由来していることわかりました。すなわち、移植した1個のネオブラストには多能性があることが証明されたわけです。

2章　さまざまな動物からわかってきた「生殖」に関する共通の考え方

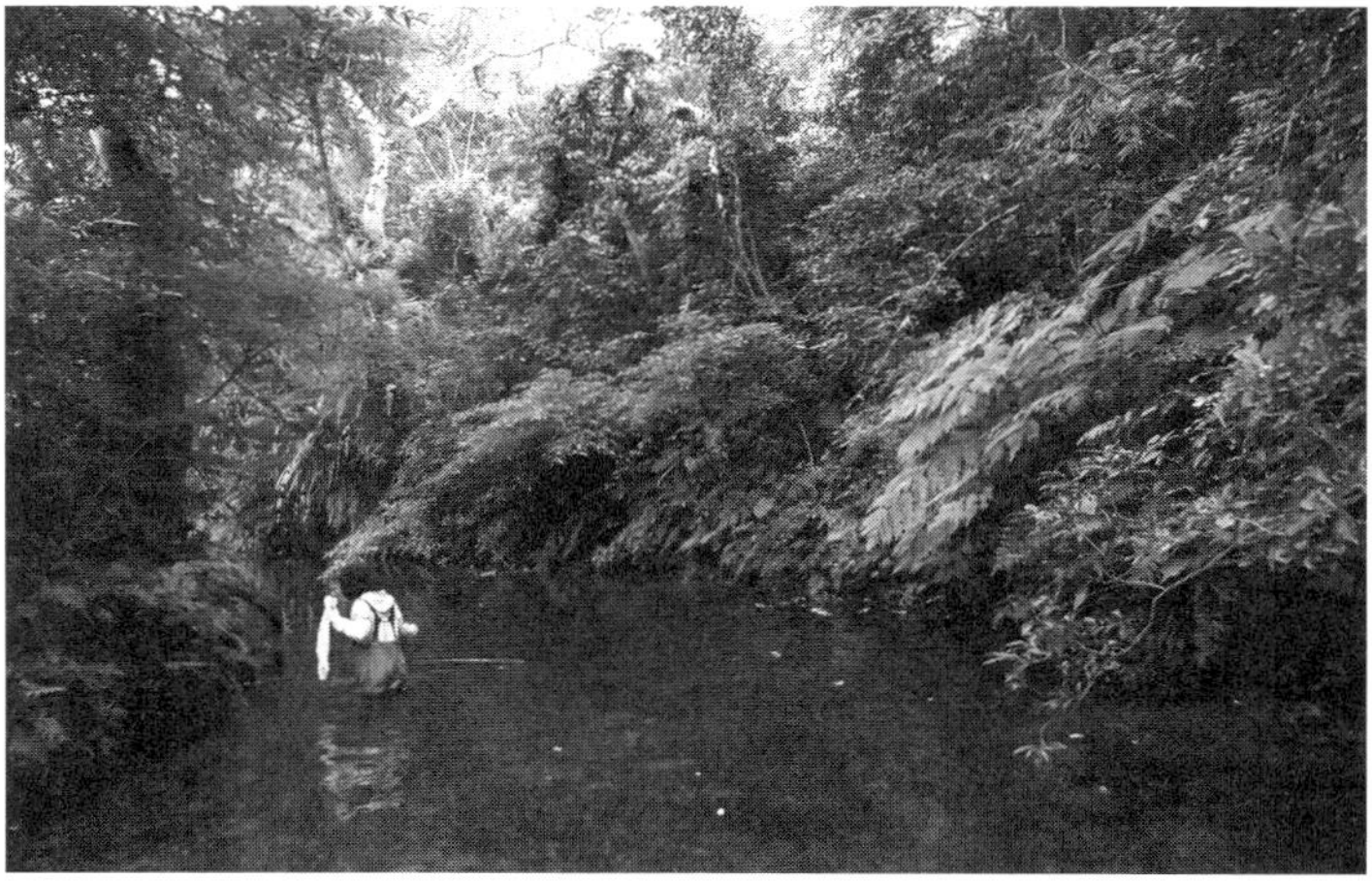

沖縄でのウズムシ採集風景

1　配偶子（卵子や精子）をつくるための特殊な細胞分裂：減数分裂

この章では、馴染みがある哺乳類をはじめとして、さまざまな動物からわかってきた生殖に関する共通の考え方について紹介します。プラナリアの生殖戦略を紹介する前におさらいとして確認することで、何がプラナリアで一風変わった「巧妙な」生殖戦略になっているのかをよりよく理解してもらうことが目的です。

私たちの体を構成する多くの細胞は「体細胞」でできています。また、DNAに書き込まれた生命に必要な遺伝情報のことをゲノムといいます。ヒトは「二倍体生物」で、これはふつうゲノムのセットが二組ある生き物という意味です。この二組のゲノムは、父親と母親からそれぞれ与えられた1セットずつから構成されます。ヒトの場合、1ゲノムセットは細胞分裂のときに、常染色体となる22本のDNA分子と、男女の決定に関与する性染色体となる1本のDNA分子、合計23本のDNA分子からなります。ですからヒトの体細胞の核には46本のDNA分子が納められているわけです。

さて、体細胞分裂の直前には、DNAは複製しなければ分裂後にゲノム量が半分になってしまいますから、DNAの複製がまず起こります。つまり、ゲノムセットは一時的に4n（nは核相を表している）となっているわけです。細胞分裂では染色体という構造を一時的につくり、効率

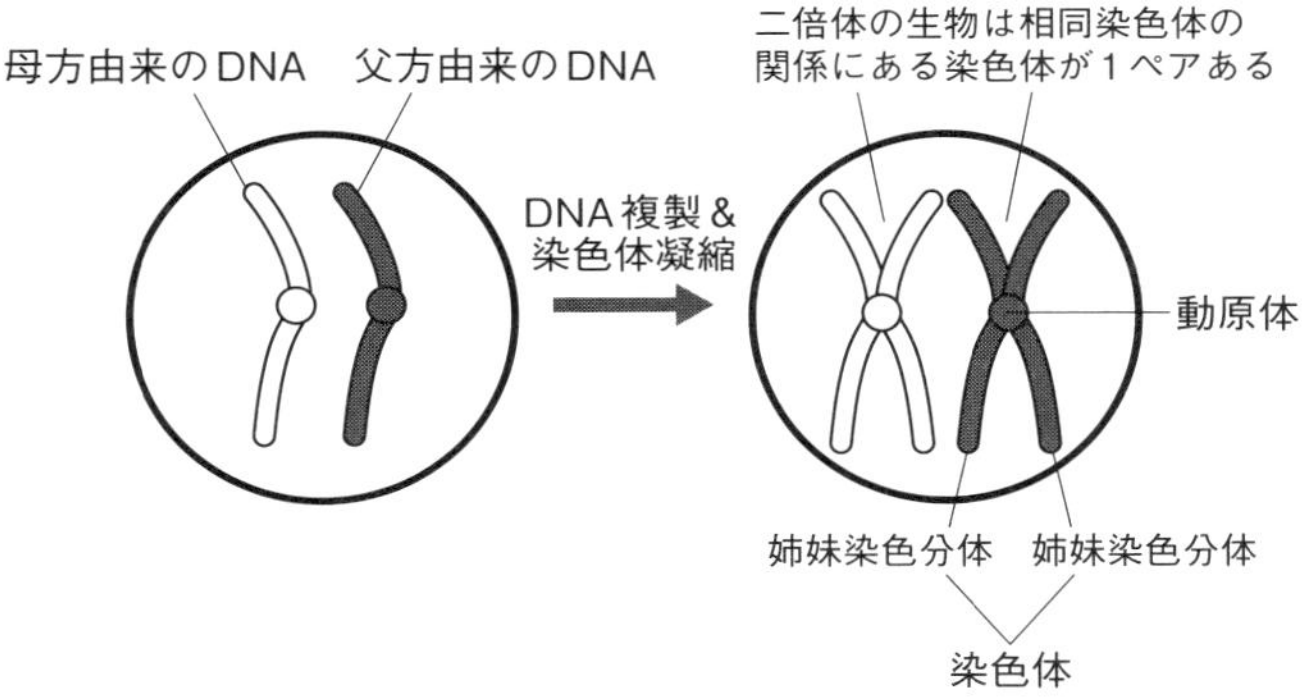

図2·1　染色体について
染色体は、細胞分裂期に一時的に現れる、DNA分子と核タンパク質からなる構造物である。ここでは便宜的に二倍体生物で染色体数が2本である（$2n = 2$）とすると、母方と父方に由来する相同のDNA分子を2本もつことになる（左図：なお、ここではわかりやすく図解するために複製前のDNAも染色体のような構造物として表記しているだけで、本来、この段階では染色体構造はとらないことに注意）。DNAの複製後に染色体凝縮が起こり、それに続く細胞分裂期に染色体構造が現れる（右図）。染色体は倍加した2本の姉妹染色分体（2本のDNA分子）が動原体で接着した構造をとる。

よく倍加したゲノムを娘細胞に分配することで2nの状態に戻ります。染色体は後に分配されることになる姉妹染色分体が2本合わさったものなのです（図2·1）。そして、同じDNA分子種からなる父親由来の常染色体と母親由来の常染色体のことを「相同染色体」とよびます。ですから、ヒトの場合は、22組の相同染色体と一組の性染色体の合計46本の染色体が細胞分裂時に現れていることになります。

さて、自分の体細胞が、父親と母親由来のゲノムセットからなっていることを理解したわけですが、ゲノムを次世代に受け渡し、個体として

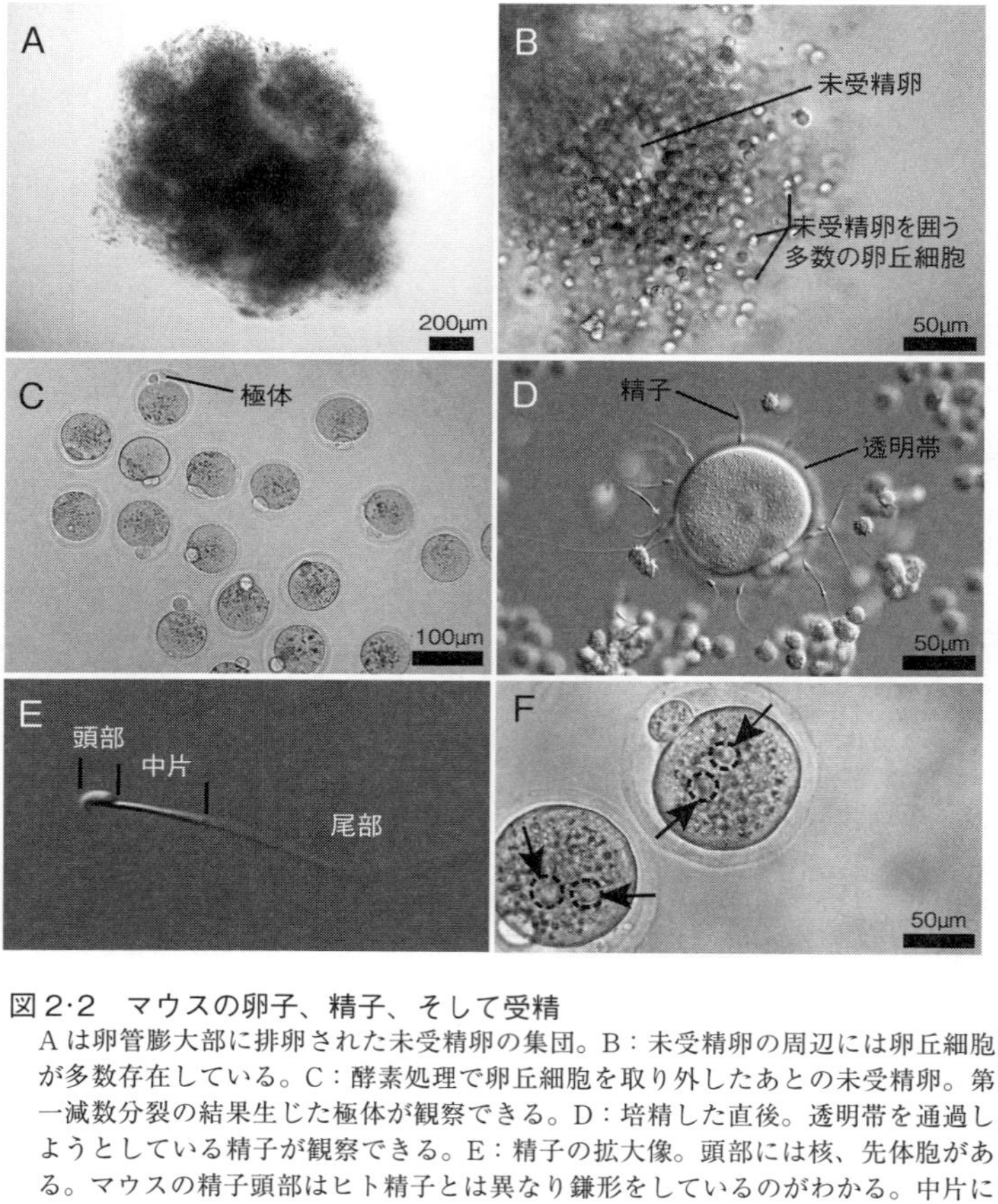

図2·2　マウスの卵子、精子、そして受精

A は卵管膨大部に排卵された未受精卵の集団。B：未受精卵の周辺には卵丘細胞が多数存在している。C：酵素処理で卵丘細胞を取り外したあとの未受精卵。第一減数分裂の結果生じた極体が観察できる。D：培精した直後。透明帯を通過しようとしている精子が観察できる。E：精子の拡大像。頭部には核、先体胞がある。マウスの精子頭部はヒト精子とは異なり鎌形をしているのがわかる。中片には精子の運動エネルギーをつくりだすミトコンドリアが局在している。尾部は運動装置である鞭毛。F：受精卵。受精した直後では融合前の前核（卵子と精子由来）が2つ観察できる。前核を破線で囲み矢印で示した。（写真提供：広橋教貴、尾畑やよい）

発生させるために必要な土台となるのが「配偶子あるいは生殖細胞」であり、オスの生殖細胞を「精子」、メスの生殖細胞を「卵子」といいます（図2・2）。6章で詳しくその理由を説明しますが、哺乳類はオスあるいはメスだけで子供をつくることができない動物です。精子と卵子が受精することで新たな個体（$2n$）が生まれますから、精子や卵子のゲノムセットは n になっていなければなりません。たいていの動物では、生殖細胞のもとになる細胞（始原生殖細胞）は、受精後の胚発生中に体細胞と分離します。そして、始原生殖細胞は精巣や卵巣で精子や卵子のもとになる精原細胞や卵原細胞になります。精原細胞や卵原細胞は $2n$ ですが、精子や卵子になるときに分裂を通してゲノムセットを n に減数するわけです。ですから、生殖細胞をつくるときの細胞分裂を「体細胞分裂」（図2・3）に対して「減数分裂」（図2・4）とよびます。

減数分裂で $2n$ のゲノムセットが n になるとき、父親由来のＤＮＡ分子と母親由来のＤＮＡ分子がシャッフルされます。ヒトは体細胞が $2n=46$ の動物ですから、生殖細胞は 2^{23}＝約８００万通りもの組み合わせがつくられることになります。

減数分裂にはゲノムセットの減数だけでなく、体細胞分裂では起こらない重要な出来事がもう一つあります。それは、相同染色体が対合して形成される二価染色体での「乗換え現象（交差）」です。乗換えを起こしている部位はキアズマとよばれる特徴的な構造のために光学顕微鏡で観察することができます（図2・4、図2・5）。染色体の乗換えの結果、遺伝子の組換え現象が

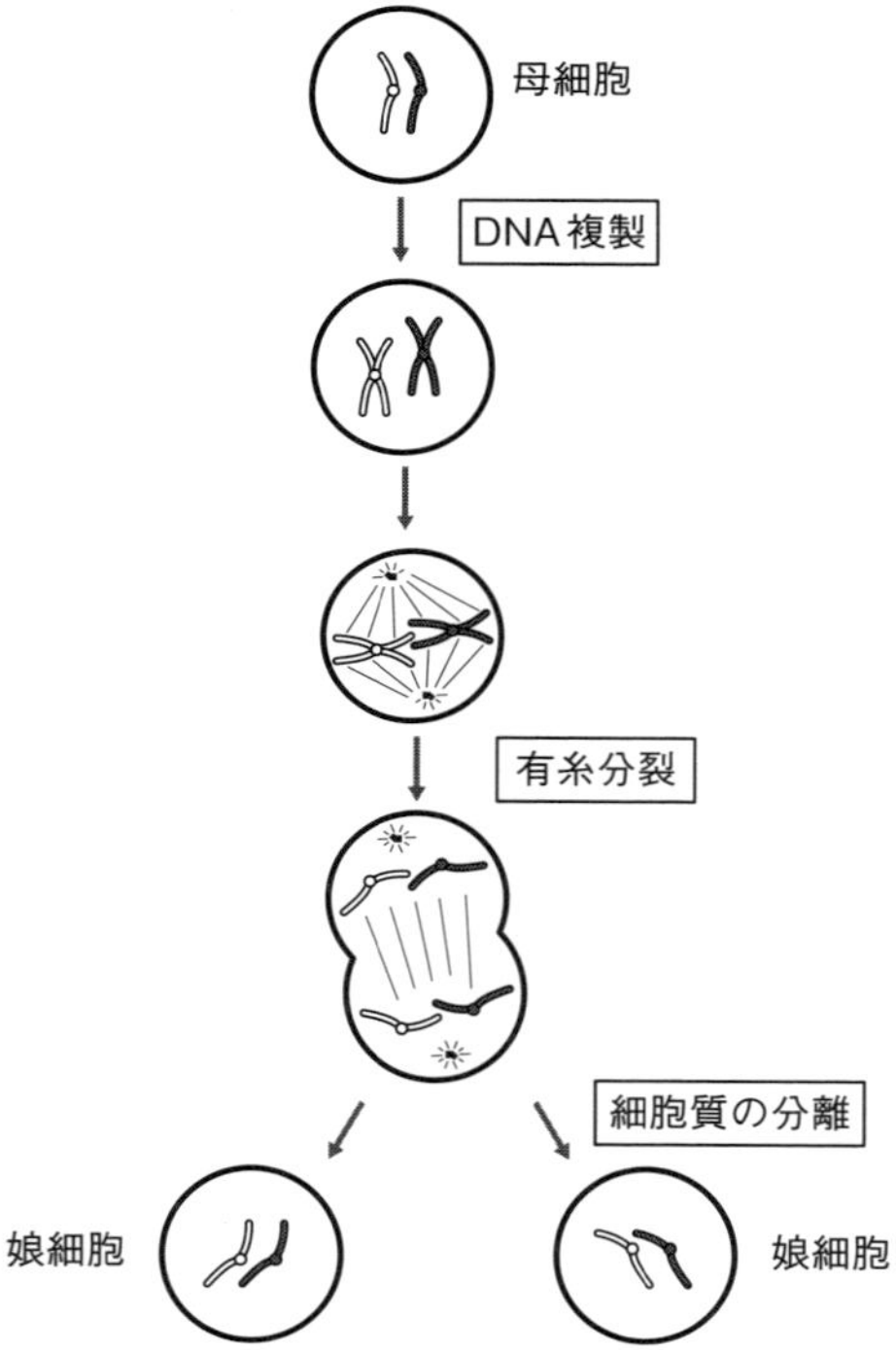

図 2·3　体細胞分裂

ここでは $2n = 2$ の生物の場合で考える。DNA 複製後、一組の相同染色体が有糸分裂することで姉妹染色分体が分離する。そして、細胞質分裂が最終的に起こり、二つの娘細胞が生じる。娘細胞は母細胞のクローン細胞であることがわかる。母細胞は核中にある DNA 分子をわかりやすくするために染色体様の構造物として表している。染色体の数や質の変化に注目した図であり、細胞質分裂は丁寧に図示していないことに注意。

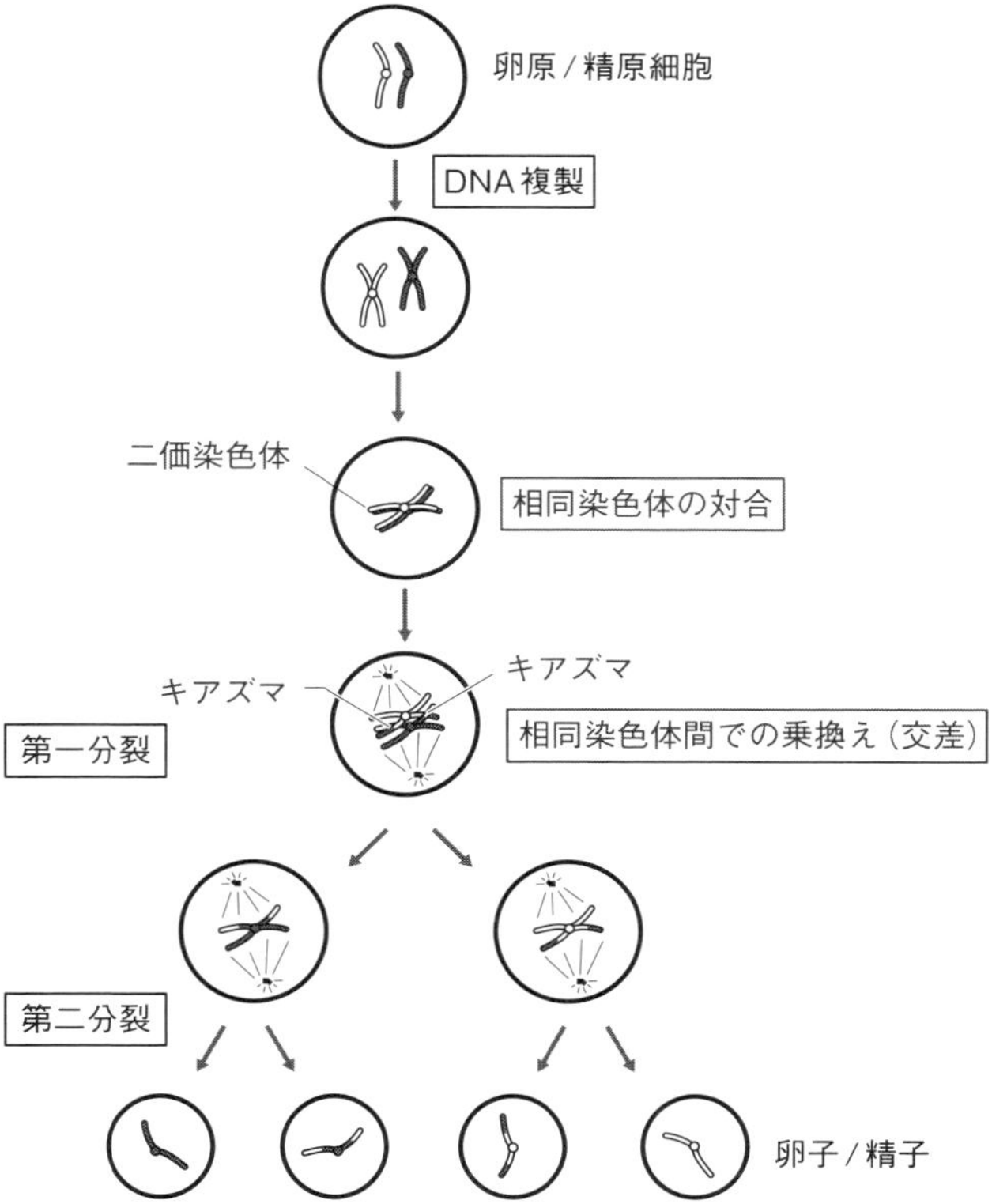

図2·4　減数分裂

ここでは $2n = 2$ の動物の卵原あるいは精原細胞の場合で考える。DNA複製後、一組の相同染色体が対合することで二価染色体が形成される。第一分裂時に乗換え（交差）が起こるとキアズマ構造が観察できる。第二分裂後に染色体数が半減した四つの生殖細胞（卵子あるいは精子）が生じる。卵子形成のときは一つの卵原細胞からできる卵子の数は一つで、残りの三つは極体となることに注意。生殖細胞は乗換えを経てきているので、母方由来の染色体（DNA分子）と父方由来の染色体（DNA分子）がシャッフルされていることがわかる。卵原／精原細胞は核中にあるDNA分子をわかりやすくするために染色体様の構造物として表している。染色体の数や質の変化に注目した図であり、細胞質分裂は丁寧に図示していないことに注意。

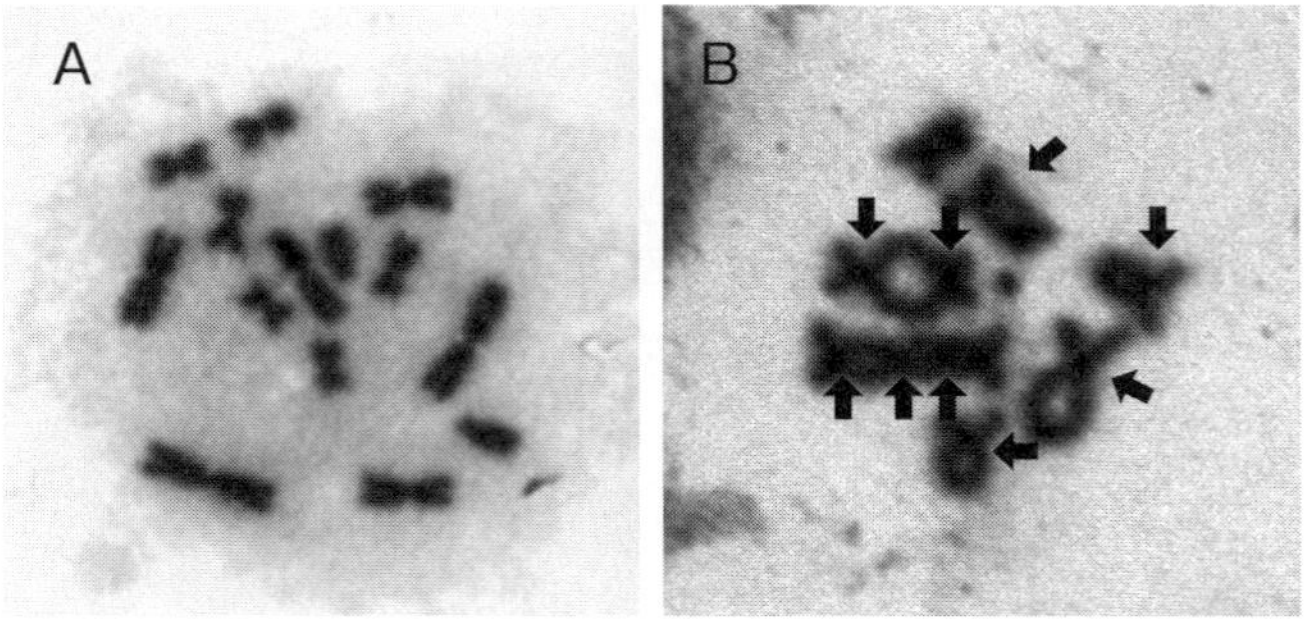

図2·5　A：リュウキュウナミウズムシのネオブラストの体細胞分裂像。B：リュウキュウナミウズムシの生殖細胞（精母細胞）の減数分裂像。七つの二価染色体が見えるだけでなく、体細胞分裂像ではみられない多くのキアズマが確認できる（矢印）。

起きます。ヒトの生殖細胞の組み合わせは、ゲノムセットの減数で生じうる約８００万通りに、この遺伝子組換えの要素が加わりますから、いかに多様性のある生殖細胞がつくられるかおわかりいただけると思います。そのうえ、父親でつくられる精子（約８００万通り以上）と母親でつくられる卵子（約８００万通り以上）の受精の結果は、少なくとも約70兆通り以上の組み合わせが考えられるわけです。

同じ親から生まれてくる兄弟姉妹が、そっくりではあってもまったく同じではない理由の一つはここにあり、兄弟姉妹ですべての遺伝型が一致する確率はほぼゼロなのです。子孫に多様性をもたらす仕組みとして、減数分裂と受精という仕組みが極めて重要であるとわかります。

2 生殖細胞は世代を越えて受け継がれている：生命の連続性

私たちは残念ながら永遠に生き続けることができません。個体はやがて死を迎えますが、生殖細胞で次世代をつくることができます。生殖細胞でバトンタッチするように世代を何代も越えていくことを「生命の連続性」といいます。個体の老化は体細胞の老化といいかえることができます。ヒトで20代と40代では、当然ですが40代の方が老化しています。それでは、20代の夫婦から生まれてくる赤ちゃんと40代の夫婦から生まれてくる赤ちゃんの場合はどうでしょうか？　そうです。20代の夫婦から生まれてくる赤ちゃんより40代の夫婦から生まれてくる赤ちゃんが老化しているということはないわけです。生殖細胞は明らかに体細胞とは異なり、老化のリセットが起こっているわけですね。

現存する生物は単一の共通祖先に由来する、すなわち、単系統であり、細菌（原核生物）は私たちの遠い先祖から分家した子孫（生き残り）です。細菌には染色体はありませんし、ＤＮＡ分子も環状になっています。その後、進化の過程で線状ＤＮＡをもち、常染色体構造をとるようになりました。環状ＤＮＡから線状ＤＮＡになり、染色体構造をとるようになった真核生物は、有性生殖に必要な減数分裂を行い、生殖細胞をつくれるようになりました。遺伝子数が増えてサイズが大きくなったゲノムを分割して管理することで、相同な染色体を効率よくペアリングして組換えを起こせるようになり、多様な染色体セットを作れるようになったのです。しかし、環状DNAから線状DNAになったことにはデメリットもありました。

皆さんは学校でDNA複製の仕組みについて学んできたでしょうか？　DNAの複製は1958年、マシュー・メセルソンとフランクリン・スタールによって、半保存的に行われることが証明されました。また、相補的なDNAの二重鎖がそれぞれ鋳型になってDNA合成が行われる際、DNAポリメラーゼはDNAの5′側から3′側へのみ合成を進めるために、片方の鎖は連続的に合成される（先導鎖）ものの、もう片方の鎖は短いDNA断片が合成されてから連結されるので完了が遅れます（遅滞鎖）。

この仕組みは、1967年に岡崎令治博士によって、短いDNA（岡崎フラグメント）が発見されることにより解明されました。岡崎フラグメントの合成の開始にはRNAプライマーが合成されて、それが出発点となりDNAが複製されます。RNAプライマーはDNAの複製とともに除去され、岡崎フラグメント間のギャップはDNAに置き換わりますが、3′末端についていたRNAプライマーの部分だけは複製が起きません。

その結果、線状DNAをもつ生物の場合、細胞分裂の度に末端からRNAプライマーに相当する分のDNAの長さが短くなってしまうのです。種によって多少の違いがありますが、DNAの末端は、3～6塩基の繰り返し配列になっていてテロメア配列とよばれています。これは、染色体の末端をテロメアとよぶことに由来しています。細胞分裂の度にテロメア領域が短くなっていき、さまざまな問題が引き起こされることを「複製末端問題」といい、その短小化の進行具合は老化の指標になっています。ところが、生殖細胞では短小化したＤＮＡ末端がテロメアーゼとよばれる酵素によって修復されるために、生まれてくる子供のＤＮＡの長さはきちんとリセットされています。

　また、多くの生き物のＤＮＡには、トランスポゾンとよばれる「動く遺伝子」が存在しており、ゲノム中を転移することで変異を引き起こす可能性があります。多くの動物では、ＤＮＡメチル化などによるエピジェネティック制御によって転移が抑制されていることが知られていますが、生殖系列細胞（始原生殖細胞から配偶子が形成されるまでの一連の細胞）では、さらに厳重なトランスポゾン抑制機構が働いていて、ピーウィー（PIWI）タンパク質とパイＲＮＡ（piRNA）とよばれる低分子のノンコーディングＲＮＡ（non-coding RNA：タンパク質をコードしないＲＮＡ）がトランスポゾンを切断することが明らかになっています[2-1][2-2]。生殖系列細胞での徹底したトランスポゾンの不活性化も、次世代に無事にＤＮＡをバトンタッチする働きの一つであると考えられます。

3　哺乳類の生殖方法：有性生殖に限定されていて無性生殖は行わない

読者の皆さんは「性」（sex）とは何かと尋ねられたとすると、どう答えますか？　男や女、オスとメス、性別などと答える方が多いのではないかと思います。もちろん、その答えは間違いではないのですが、ここでは「同種の2個体間で遺伝子を混ぜ合わせるための仕組み」という広義の意味で、性について紹介していきます。前節でも述べましたが、私たちヒトを含めた哺乳類は必ずオス（精子）とメス（卵子）で新たな生命がつくられます。まさに同種の2個体間で遺伝子を混ぜ合わせていますから、性が有るわけです。一方で、「新たな生命がつくられる」ことを「生殖」といいます。これらのことをあわせて哺乳類の生殖方法を「有性生殖」といいます。哺乳類が有性生殖のみで子孫を残すために、一般の方には「性」と「生殖」の意味に違いがないように思われていますが、実は「性」と「生殖」は独立した現象なのです。

まず、単細胞動物（原生動物）のゾウリムシで「性」と「生殖」を考えてみましょう。ゾウリムシが二分裂して増殖するというのは多くの読者の方の認識にあると思います。このとき、新たな生命がつくられていますから生殖が起こっています。しかし、個体数が増えているときに同種の2個体間で遺伝子を混ぜ合わせてはいませんので、性は存在していません。ですから、ゾウリムシの二分裂による増殖は無性生殖になります。ゾウリムシは大核と小核をもち、減数分裂をした小核を2個体間で交換する「接合」という現象が知られています。接合の前後で新たな生命がつくられていませんので生殖は起こっていませんが、同種の2個体間で遺伝子を混ぜ合わせていますから、性が存在していることになります。

さて、それでは多細胞動物（後生動物）の無性生殖を次に見てみましょう。後生動物の無性生殖をどう分類するかという議論があって、この分野で大きく意見が分かれている状況です。特にこれから無性生殖として紹介する「単為（処女）生殖（parthenogenesis）」は有性生殖に分類されることもあります。本書では、１９６６年にウィリアムが示した「有性生殖とは親の遺伝子の混ぜ合わせをして子孫をつくること」という定義に従うことにします [2-3]。

無性生殖は、配偶子を必要とする場合と、する場合の二つに大きく分けられます。配偶子を必要としない無性生殖では、動物はたいてい、増殖能力をもった分化多能性幹細胞あるいは組織を有しています。そして、出芽や横分裂、断片化といった「自切現象」がその生活史にプログラムされていて、分化多能性幹細胞あるいは組織から自切後に失った部分を再生して、新たな個体をかたちづくります。ある意味では、この無性生殖は再生現象にほかならないのですが、修復再生のようにそのきっかけが偶然の突発的事故によるものではなく、自切であることが重要です。また、再生後に個体が新生されて数が増えていなければ「生殖」ではありませんから、修復再生は無性生殖とは異なります。

ちなみに読者の皆さんにも馴染みのある「修復再生」といえば、サンショウウオなど有尾両生類の肢の再生だと思いますが、この場合、分化多能性幹細胞があらかじめ用意されているわけでなく、体細胞が脱分化して未分化細胞となったものが再生に参画すると考えられています。特に脱分化後に組織のタイプが異なるとき、例えば外胚葉性の組織（神経）が脱分化して中胚葉性の組織（筋肉）になるようなケースは「分化転換」が起こったといいます。1章5節で紹介したように、プラナリアは分化多能性幹細胞であるネオブラストをもっているので、その再生現象では脱分化は起こっていないと考えられています。

この配偶子を必要としない無性生殖は、種子ではなく根・茎・葉といった栄養器官から繁殖する植物の無性生殖（栄養生殖）に類似しているので、本書では「栄養生殖型の無性生殖」とよぶことにします。後生動物では、海綿動物、刺胞動物、扁形動物、環形動物、苔虫動物、内肛動物、棘皮動物、半索動物、脊索動物などほとんどの動物門で栄養生殖型の無性生殖を行うものがいます。

配偶子を必要とする無性生殖では、たいていの場合、オス（精子）を必要とせずに発生がメス（卵子）のみで出発するので、「単為（処女）生殖」とよばれています。単為生殖では、卵子は体細胞分裂で生じることが多く、発生する娘は母親のクローンになるわけです。一部の動物では変則的な減数分裂によって卵子をつくるため（6章2節で詳しく説明）、娘が母親の完全なクローンにならない場合もあり、有性生殖に分類すべきとの議論もあります。本書では性の定義を「同種2個体間で遺伝子を混合する仕組み」としますので、このような単為生殖も無性生殖と位置づけます。単為生殖はミツバチ、アブラムシといった節足動物やワムシ類、脊椎動物では魚類、両生類、爬虫類などで見られます。

単為生殖では、精子が介在する場合もあって、ある種の両生類や魚類ではメスの産んだ卵が、近縁種の精子によって賦活化されて発生が開始されます。精子核（雄性前核）は受精卵から除去されるため、事実上、単為生殖が起こっていることになります。このようなケースは「雌性生殖」（gynogenesis）とよばれています。後述しますが、ある種のプラナリアは雌性生殖を行います。また、報告は少ないのですが、シジミで見られるように、精子による賦活化後に雌性前核が除去されて、精子由来のゲノム情報で発生するケースもあり、こちらは「雄性生殖」（androgenesis）とよばれています[2-4][2-5]。雌性生殖や雄性生殖は、精子依存性単為生殖（pseudogamy）という生殖方法に分類されます。

栄養生殖型の無性生殖の場合、動物が再生を行うための分化多能性幹細胞をもっているかどうかが重要な要因となると考えられます。脱分化によって多能性のある未分化細胞をつくることのできる両生類でも、修復再生はできても無性生殖を行うことは難しいでしょうから、哺乳類では無性生殖は不可能であると考えられます。受精卵は、たった一つの細胞からすべての組織をつくることができる、いわゆる分化全能性をもった唯一の細胞です。偶発的に受精卵が分裂初期に多胚化したとき生じる一卵性双生児は、遺伝的に同一のクローン同士ではありますが、生活史にプログラムされていない点で無性生殖とはいえません。これに関連して、興味深い例として、ココノオビアルマジロは一つの受精卵が必ず多胚化し、四つ子以上が生まれます[2-6]。偶然の産物ではないという点で、多胚生殖とよばれるこの生殖方法は、ある意味で無性生殖といえるかもしれません。単為生殖も哺乳類では起こりません。その理由は6章4節で詳しく紹介したいと思います。

有性生殖は無性生殖に比べてコストがかかるとされています。というのは、無性生殖では集団中のそれぞれの個体が自分ひとりで子孫が残せるので、一度の生殖で全個体数を2倍に増やすことができます。しかし有性生殖では、子孫を残すためにはオスとメスの2個体が必要となります。新しい個体を生めるのはメスのみですから、オスとメスの数が1：1の集団であれば、子孫の数を増やせるのは集団の半分の個体のみです。また、異性を探すには時間もかかります。しかし、このように有性生殖は無性生殖に比べて繁殖の効率が悪いにもかかわらず、世の中の生き物の多くは有性生殖を行っています。それはなぜでしょうか？　実はまだこの疑問は完全には解決されておらず、多くの研究者が有性生殖のメリットについて仮説を提唱してきました。どの仮説にも共通しているのは、有性生殖のメリットは、量より質の確保にあるということです。たとえば有性生殖では多様な子孫を残せるため、環境が変化してもそれに適応できるチャンスが増えます。

また有害な遺伝子が生じても、それを相手の遺伝子によってカバーできる、あるいは染色体の組み合わせや組換えによって、それをもたない個体を生み出すことができます（有害な遺伝子を受け継いだものは自然淘汰されてしまいます）。無性生殖の場合、生じる子孫はすべて親と同じクローンですから、適応できないほどの環境の変化や病原菌が発生すれば、いっきに全滅してしまいます。また有害な遺伝子が生じれば蓄積する一方であり、集団中から取り除かれるチャンスがありません。だんだんと増えていく有害な遺伝子によって、いずれ生存に支障をきたし、絶滅に至る可能性も高くなるでしょう。この無性生殖のデメリットは「マラーのラチェット仮説」ともよばれています。羊毛などを紡ぐラチェット式の糸車は、歯車と爪を組み合わせることで動作方向が一方向になるように作られており、後戻りをすることがありません。紡いでいる糸が終わりになると糸車が止まってしまいますから、この説を唱えた研究者は、進化できずに絶滅するさまをこの糸車にたとえたのでしょう。

このように、無性生殖生物は短期間に増殖する点では優れているものの、多様性はつくりづらく、そして絶滅の運命を辿《たど》ると考えられているにもかかわらず、哺乳類を除いたほとんどの動物群で、無性生殖を行うものが少なからず存在していることも事実です。このことは「無性生殖のパラドックス」とよばれています。ウズムシには栄養生殖型と単為生殖型の無性生殖個体がいますが、彼らはこの問題をどう解決しているのかを、本書では3章と4章で紹介したいと思います。

4 雌雄異体と雌雄同体での性淘汰について

同じ種であるにもかかわらず、オスとメスの外見や行動が大きく異なる生物は多々いますよね。例えばシカのオスはとても大きな角をもっていますし、クジャクのオスの羽はとても派手です。一体それはなぜでしょうか？　かの有名なチャールズ・ダーウィンは、この理由として「性淘汰」(sexual selection) という概念を提示しました。ダーウィンはアルフレッド・ラッセル・ウォレスと時を同じくして自然淘汰による進化論を提唱したことでも有名ですが、性淘汰も広い意味では自然淘汰に含まれます。

ここで少し説明を加えておくと、生物学でいう進化というのは、「生物の遺伝的な形質が世代を経ていくごとに変化していくこと」と多くの本で定義されています。「変化していくこと」ですので、必ずしも単純なものから複雑なものであるとは限りません。その逆もありえます。そして、この変化する要因が自然淘汰によるものだったり、あるいはただの偶然であったりするのです。また、多くの人が勘違いしやすいのですが、「生物の形質が進化する」と言った時、そこに生物の意思が存在するわけではありません。例えば、よし、こんな模様を作るぞ、などといって羽の模様を進化させるわけではないのです。生物の進化では、次の三つの要因が重要になります。

①変異：同じ人間でも髪の色がさまざまなように、生物の形質には個体による差がある。

②淘汰：個体のもつ形質の差によって、次世代に残せる子孫の数に差が生まれる。

③遺伝：それらの形質は多少なりとも親から子に遺伝する。

例えば図２·６のような、架空の蝶々の集団を考えてみましょう。集団中の個体の羽の模様（黒点の数）には個体差が見られ、それらは遺伝するものとします。このとき黒点の数を多くもつ個体ほど周りの風景にとけこみやすく、捕食者に見つけられにくいなどといった理由から、他の個体よりも生き残る確率が高く子孫を多く残せるとすると、次の世代にはそのような模様をもつ個体の割合がほんの少し増加します。これが何世代も繰り返

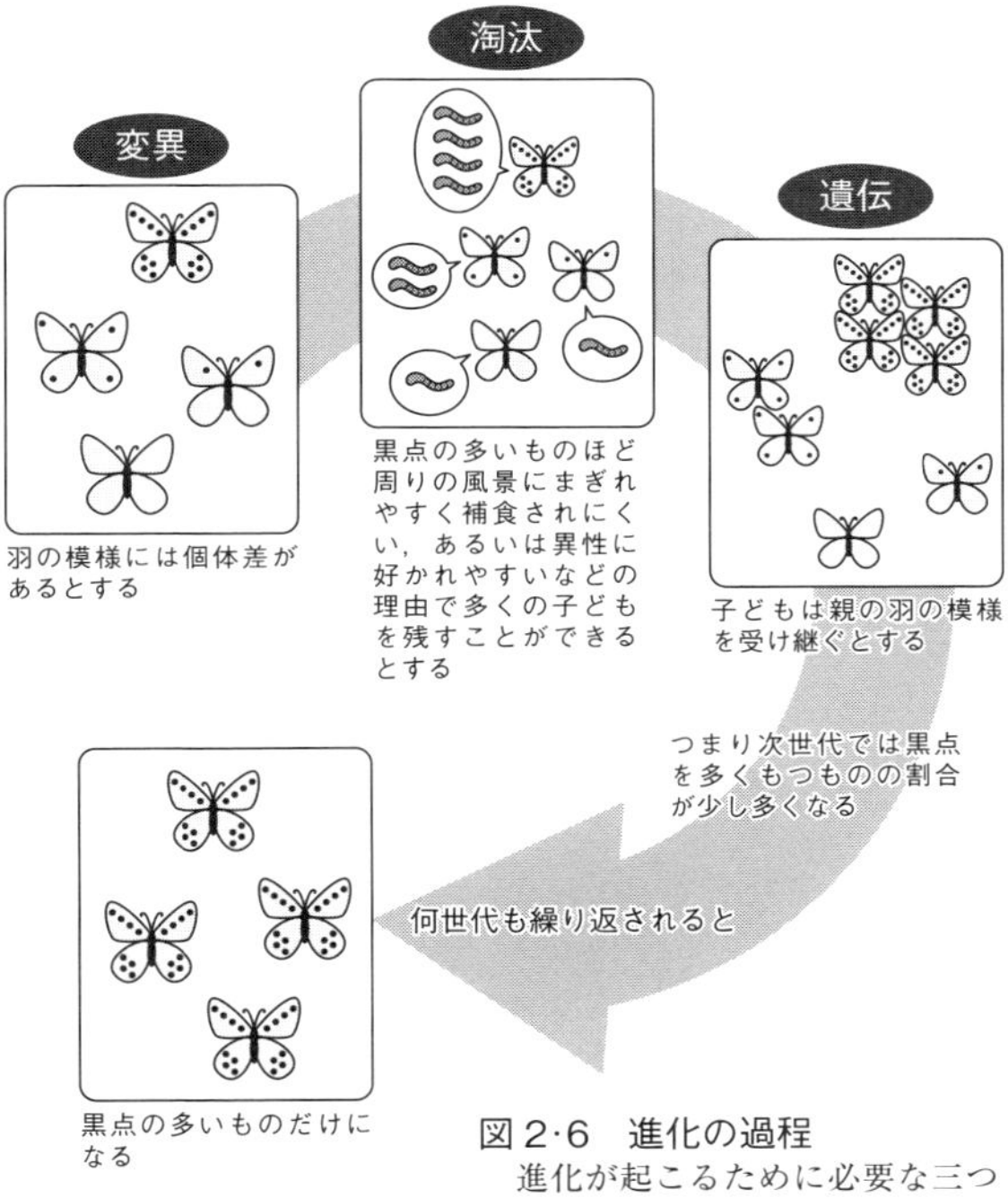
変異
羽の模様には個体差があるとする
淘汰
黒点の多いものほど周りの風景にまぎれやすく補食されにくい，あるいは異性に好かれやすいなどの理由で多くの子どもを残すことができるとする
遺伝
子どもは親の羽の模様を受け継ぐとする
つまり次世代では黒点を多くもつものの割合が少し多くなる
何世代も繰り返されると
黒点の多いものだけになる

図2·6　進化の過程
進化が起こるために必要な三つの要素。

されれば、集団中には黒点の多いものがほとんどとなります（図2･6）。

つまり生物の意思は関係なく、生存に有利な形質が自然淘汰によって選択される結果、そういった形質の進化が起こるということになります。本書の中では便宜上、生物は何々を進化させた、などという表現をすることがありますが、その過程には生物の意思があるわけではなく、こういった背景があるのだということを念頭に置いておいてください。

ダーウィンは、オスとメスが分かれている種では、繁殖相手となる異性をめぐって競争が起きており、そのような競争に有利に働くような形質ならば多少生存に不利でも進化し得るということに気づきました。この性淘汰には、異性をめぐるオス同士の競争による淘汰（同性間淘汰）と、メスがオスを選り好みすることで起きる淘汰（異性間淘汰）があります。両者の区別が難しいこともありますが、たとえばオス同士の競争では大きな体格やシカの角など、戦いに有利な形質が進化しやすく、またメスからの選り好みではクジャクの羽など、装飾的な形質が進化しやすいとされています。選り好みを示すのはメスであることが多いですが、もちろんオスがメスを選ぶというケースもあります。

同性間淘汰による武器の進化は直感的にわかりやすいですが、選り好みによる淘汰についてはまだまだわからないことも多くあります。メスが、特定の特徴をもつオスを好んで選んでいるという事実はたくさん報告されていますが、それでは、そもそもなぜそのような選り好みが進化してきたのでしょうか。これについて進化生物学では、そのような選り好みをすることが、繁殖に利益をもたらすからだという考え方をします。この利益は直接的なものと間接的なものに分けられます。直接的なものの例としては、良い縄張りをもつオスを選ぶことで、良い産卵場所や豊かな餌場を確保できる、あるいは交尾のときに餌をたくさんプレゼントしてくれるオスを選べば、産卵のための栄養分をより多く確保できる、というように直接メスに利益があるというものです。一方、間接的なものというのは少しわかりにくいかもしれませんが、選り好みをすることで、良い遺伝子をもつオスと交尾をすることになり、自分の子孫に良い遺伝子が伝わるというものです。利益があるのはメス自身にではなくその子孫、というように間接的に利益がもたらされるのです。この良い遺伝子に対するメスの選り好みの進化にはいくつかの説があります。

一つ目はロナルド・フィッシャーの提唱した「ランナウェイ仮説」です。これは個体差のある形質、たとえば尾羽の長さに関して、長めのオスと短めのオスが集団中に存在しているとします。ここで、たまたま何らかの理由（目に留まりやすいなど）で平均よりも長めの尾羽を好むメスがいたとしましょう。長い尾羽をもつオスがそのようなメスに選ばれて子孫を残すと、その子孫は長い尾羽をつくる遺伝子と長い尾羽を好むという遺伝子の両方を受け継ぐことになります。いったんそういった好みが集団中に広がり始めると、はじめはちょっとした嗜好性だったにもかかわらず、長い尾羽は魅力的である（たくさんのメスにモテる）という面を強くもつことになっていきます。魅力的な息子を産むことはメスにとってもよいことですから、オスの形質とそれに対するメスの好みに正のフィードバックが働き始め、ますます集団中に極端な形質とそれに対する好みが広がるということになっていきます。

もう一つ有名なものに、アモッ・ザハヴィの提唱した「ハンディキャップ仮説」があります。オスの長い尾羽は、長い尾羽というハンディキャップを背負っているにもかかわらず、普通に日常生活を送るだけの高い能力があるということを示しているのだというものです。またウィリアム・ドナルド・ハミルトンとマレーネ・ズックの提唱した「パラサイト仮説」。これは、オスの派手な形質は寄生虫などの病気に感染していないという指標になっているというものです。どちらの仮説でも、そういった指標をもつ相手を選ぶことで、より良い遺伝子をもつ子供を残せるのだということがポイントになります。

このように、いくつかの説を簡単に紹介してみましたが、なぜその配偶者を選ぶのかというのはなかなか奥深い問題なので、興味のある人はぜひ詳しい本を読んでみてください。配偶者選択を扱った良い本はたくさんあるのですが、進化生物学者の長谷川眞理子博士の『クジャクの雄はなぜ美しい?』(2005年、紀伊國屋書店)は、専門的な内容が一般の方でもわかりやすいように書かれているので、おすすめです。

さて、もう一つ性淘汰を考える上で重要なものに、ジェフリー・パーカーの提唱した「精子競争」という概念があります。先ほど、オス同士の競争、そしてメスによる選り好みで有利になるように生物はいろいろな形質を進化させてきたとお話ししました。しかし、せっかくオスが交尾の前の競争を勝ち抜いても、メスが複数の相手と交尾をした場合はどうなるでしょう？　メスの体内では複数の個体由来の精子が存在しますから、受精にこぎつけるまでは、精子は交尾後も競争を繰り広げなければならないのです。この概念を「精子競争」といい、生き物の性淘汰を考える上で、非常に重要な役割を果たしています。せっかくメスに選ばれて交尾をすることができても、この精子同士の競争にさらされるおかげで、オスは受精獲得にすこしでも有利になるように、精子の形状や、相手に受け渡す精液の中に含まれる物質を進化させてきたと考えられています。

一方、メス側もしたたかです。交尾後でも、どのオスの精子を受精させるかバイアスをかけることがあります。オスのあずかり知らぬところで行われるので、「隠れたメスの選択」(cryptic female choice)と名づけられています。そんなことできるの？と思う方もいるかもしれませんが、皆さんの身近にいるニワトリの祖先型、セキショクヤケイにその例が見られます[2-8]。通常、セキショクヤケイのメスは社会的ランクの高いオスと交尾することを好みますが、社会的ランクの低いオスに交尾を強制されることがあります。メス側も抵抗しますが、やはり力の強いオスには敵わず、交尾が成立してしまうことが多々あります。しかしそのような場合、メスは交尾直後に総排泄口（一般的に鳥類は総排泄口を通じて交尾と排泄の両方を行います）を収縮させ、受け取った精子をぺっと捨ててしまうことがあるのです。このセキショクヤケイのような現象はわかりやすいですが、隠れた選択がメス側の体内で行われている場合は精子競争の結果とも区別がつきにくく、検証が難しい面もあります。いずれにしろ、オス側（精子競争）とメス側（隠れた選択）のどちらの要因が受精までの鍵を握るのかは面白いトピックだと思います。

異性をめぐる競争で有利になるよう、オスとメスはそれぞれ最適な戦略を進化させますが、いつもお互いの利益が一致するとは限りません。オスとメスは協力的などころか、むしろ交尾そのものをめぐって対立したり、交尾後に精子をどう利用するかをめぐって対立したりする場合が多いのです。これを「性的対立」（sexual conflict）といい、一方の性で有利な（しかしもう一方の性にとっては不利な）形質が進化すれば、もう一方の性がそれに対抗するような形質を進化させる、というような軍拡競争を生むため、実に多様な繁殖戦略を生み出す要因になっているようです。有名なものにマメゾウムシの例が挙げられます。マメゾウムシのオスの交尾器の先端はトゲ状の突起物に覆われており、交尾をするとメスの生殖器を傷だらけにしてしまいます。研究者たちは、このトゲ状の突起物が大きくて鋭いオスほど多くの卵子を受精させられるということを明らかにし [2-9]、おそらくこのトゲはベストポジションで射精するための「いかり」のような機能を果たしているのではないかと解釈しています。一方、メスもそれに対抗するように、オスを蹴り飛ばしたり、分厚い壁面に弾力性に富んだ生殖管を発達させたりしています。多くの場合、オスは自分の父性を強制的に確保するような形質を進化させ、一方、メスの場合はそれに抵抗するような形質を進化させることが多いようです[2-10]。

さて、これらの性淘汰の概念は、実は雌雄同体でもあてはまります。雌雄同体の生物では同一個体内にオス機能とメス機能が両方存在しているだけで、オスとしての繁殖成功度やメスとしての繁殖成功度が有利になるような形質が、それぞれ性淘汰によって進化するという考え方は同じです。しかし、両方の性が一つの個体に存在しているということは、交尾のときにはオスとしての役割とメスとしての役割の両方を果たせるということです。オスとメスが分かれている種では、異性に出会えば繁殖のチャンス、同性に出会えば競争相手ですが、雌雄同体の場合、自分以外のすべての個体が、繁殖相手であると同時に競争相手になってしまうのです。オスの役割をするか、メスの役割をするか、あるいはその両方をしたいのか、出会った個体とうまく利害関係が一致すれば問題ありませんが、たいていの場合、どちらもオスの役割をしたがる、あるいはメスの役割をしたがるというように、対立が起きることの方が多いようです。そのため、お互いに妥協して相互交尾を行う、あるいは駆け引きをしながら、かわりばんこにオスの役割とメスの役割を交互にする、などの比較的平和な解決方法をあみだすものから、オスの役割をめぐって争いをするものなど、さまざまな繁殖生態のものが進化してきました。

先ほどの性的対立のトピックのところで述べたように、攻撃的なオスの形質であっても、それが繁殖（父性の確保）に有利であれば集団中に広まります。しかしそれがメスの機能にダメージを与えるものであっても、雌雄同体の場合、相手を拒絶するわけにはいきません。なぜなら、そんなことをすれば自分のオスとしての繁殖成功度も失ってしまうからです。そのため雌雄同体の場合は、どちらか（あるいは両方）の個体がメスの役割を果たすように妥協せざるを得ず、その分、雌雄異体の場合よりも強いジレンマを抱えることになるようです［2-11］。

5　雌雄異体と雌雄同体の性配分について

「性配分」（sex allocation）、といってもほとんどの皆さんは聞いたことがない概念かもしれません。性の配分とは、オスとメスの、どちらの性にどのようにエネルギーを投資すれば自身の子孫の繁栄につながるか、という問題です。例えば生まれてくる子の性を調節できる生物がいたとしたら、どのような状況下のときにどういう性比で子供を産めば子孫の数をふやせるのか。あるいは、性転換をすることができる生物は、どういうタイミングでオスからメスに（あるいはメスからオスに）転換すればより多くの子を残せるのか。あるいは雌雄同体の生物であれば、精子と卵子のどちらをどれだけ産生すべきなのか、といったものです。

もちろん、進化が起こる仕組みのところでも説明したように、生物はこれらの問題に対して頭で考えながら行動しているわけではありません。でも今この世界に現存する生物たちは、繁殖成功度を最大にするために、これらの問題に対してベストな選択をとってきたものの子孫のはずです。では生物はどういうときにどういう行動をとっているのか、その法則を予測しようとしたのが「性配分理論」です。歴史的には、性配分理論が発展するきっかけとなったのはカール・デュシングとロナルド・フィッシャーの考えでした。ちなみにデュシングは、フィッシャーが1930年に自分の考えを発表するよりも約半世紀ほど早く、同じような考えを論文や本で三度も発表していたのですが、それらはドイツ語で書かれていたため、彼の功績は長い間世間に知られることはありませんでした。デュシングとフィッシャーは、数学的な手法を用いることで、なぜ多くの生物では性比が50対50になっているのかということについて説明を与えることに成功しました。二倍体の生物であれば必ず1個体にそれぞれ父親と母親がいますよね。ということは、個体がどれだけ遺伝子（ゲノム）を次世代に残せたかを繁殖成功の尺度とすれば、父親としてゲノムを残すのも母親としてゲノムを残すのも、その成功度は同じになります。そのため、もし息子と娘をつくるコストが同じで、交配もランダムに起こるとすれば、より少ない頻度（少数派）の方の性が有利になるという頻度依存的淘汰が起こります。

例えば、生まれてくる子供の大半がメスになる生物がいたとすると、その集団の性比は極端にメスに偏りますね。でも子が生まれるには必ず父と母の両方が必要となるので、次世代に子孫を残すには少数のオスが父親になる必要があります。すると次世代の集団の個体のゲノム構成を見ると、母親から受け継いだゲノムは多数のメス由来であるのに対し、父親から受け継いだゲノムは少数のオスに由来することになります。つまり、一匹あたりの繁殖成功度は、オスの方がメスよりも圧倒的に高いことになります。

それではそのような集団中に、何らかの理由で他の個体よりも少し多くオスを産むことができる変異体が生じたとします。メスよりもオスの方が繁殖成功度は高いので、そのような変異を受け継ぐ個体は世代が進むごとに増えていくでしょう。そうすると集団中に存在するオスの割合が増えていくことになります。もしかするとオスの方が多くなるかもしれません。でもそのようなオスに偏った集団になったとしても、先ほどと同じ理屈で、少ない性の方が繁殖成功度は高くなるので、今度はメスの方が増えてくるようになります。長い間にこれらのステップが繰り返されるため、性比はだんだん等しくなるように収束していきます。

しかし、同性間に競争関係や協力関係などが存在したりして、オスとメスをつくるコストに対して期待できる繁殖成功度が異なる場合、集団の性比は偏り、より利益の高い性の子を産むようになるようです。その基本的な考え方は、少し難しい言葉で言うと、「局所的配偶者競争」（local mate competition）という概念で、ハミルトンによって提示されました。例えば、多くのダニ類や寄生性のハチなどはメスに偏った性比になっています。先ほど性比が50対50になるケースを説明したときは、交配がランダムという前提がありましたが、今回はその前提が崩れます。

例えばある種の寄生バチは餌となる生物に卵を産みつけるのですが、母親は卵を受精させるかさせないかをコントロールすることで、子を息子にするか娘にするかを選択できます。というのは、性を決定するための染色体をもつヒトの場合とは異なり、このハチの場合、受精卵はメスになり、未受精卵はオスになるという仕組みになっています。メスにはオスからもらった精子を一時的にためておける器官があるため、卵を産むときにその精子を使えば受精卵を、使わなければ未受精卵を産むというようにメスがコントロールできるのです。

そしてそこから生まれてくる兄弟姉妹がその閉鎖空間で交配し、メスのみが巣立ちます。このような場合、巣立つ娘の産卵数で孫の数が決まります。息子の割合を多くしても、その分、配偶者をめぐる息子間での競争（局所的配偶者競争）が激しくなるのみです（図2・7A）。それならば、受精させるのに必要な最低限の数の息子を確保したら、残りをすべて娘にした方が、孫の世代まで考えると繁殖成功度が高くなります（図2・7B）。

しかし卵を産みつけようと思った場所にすでに他のメスの卵があった場合、自分の息子の数を少し多くすれば、相手のメスの息子に競り勝って相手の娘も受精させるチャンスが高くなります。息子を多く産んだ分、娘の数は少し減るかもしれませんが、相手のメスの娘まで受精させることができれば結果的には繁殖成功度は高くなります。血縁関係のない他個体との競争が激しくなれ

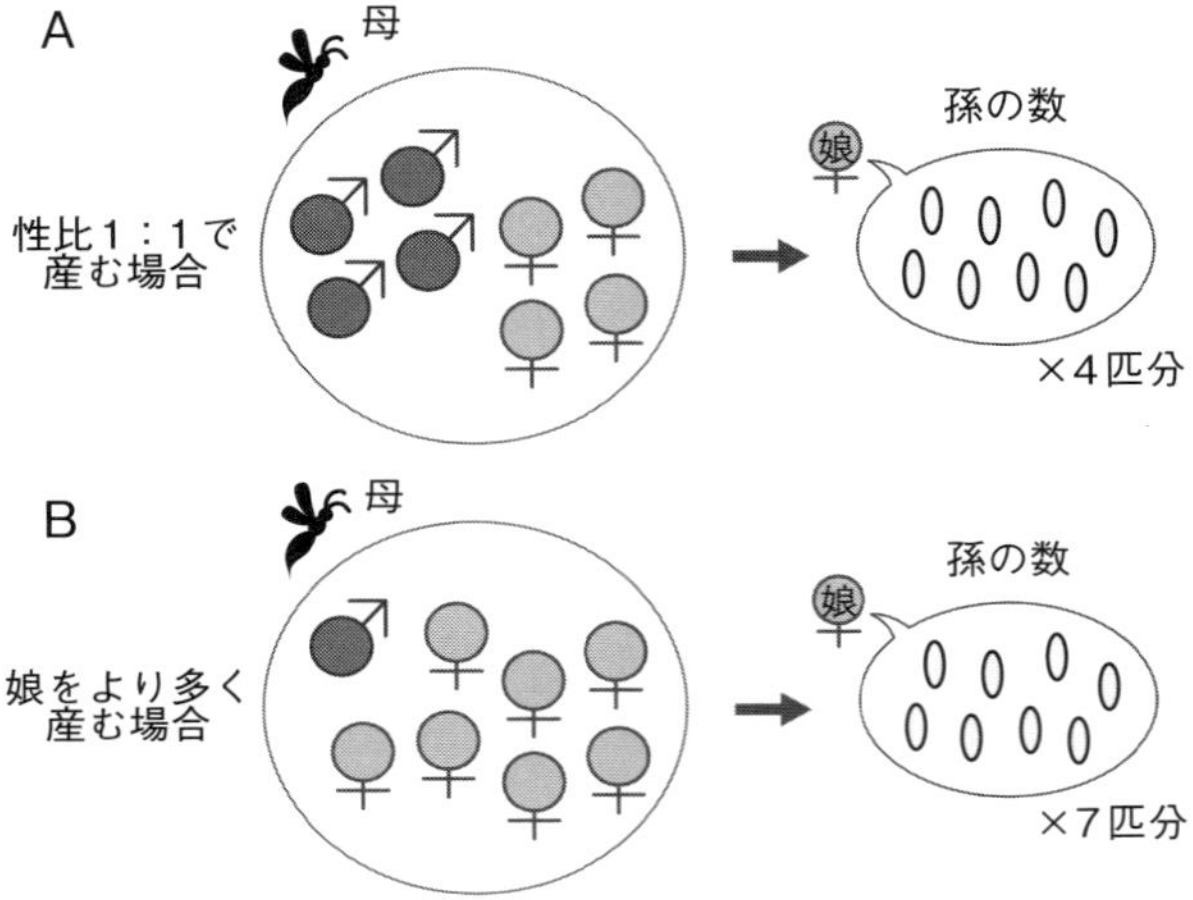

図2·7　性比の偏り
メスは8個の卵を産めるとする。Aは1：1の性比で息子と娘を産んだ場合。Bは娘を多く産んだ場合。子の世代ではどちらも同じ8匹だが、孫の世代まで考慮すると、この場合は、娘を多く産んだ方が繁殖成功度が高くなる。

ばなるほど、つまりこの閉鎖空間に参加してくる他個体が多くなればなるほど、交配はランダムに近づくことになるので、性比は50対50に近づいていくことになるでしょう。

現在わかっている生物の性決定の仕組みは、性染色体などで遺伝的に決まるもの、あるいは温度など環境要因によって決まるものなど実にさまざまです。魚のなかには、周りの個体より大きければメスになる、などという不思議な性決定をするものもいます。オスとメスのどちらになれば高い繁殖成功度を得られるかは、生物がおかれている環境や状況によって異なり、そのたびに新たな性配分のしかたが進化の過程で獲得されてきた結果、このような多様な性決定の仕組みが生まれてきたのかもしれません。

さて、雌雄同体の生物の性配分にも同じような考えがあてはまり、その基本的な考え方はエリック・チャーノフによって体系づけられました。雌雄同体の生物の場合は、自分が使える資源をオス機能（精子産生など）とメス機能（卵子産生など）のどちらに多く投資すれば良いのか、ということでした。皆さん、適当につくっていると思っていましたか？　いいえ、彼らは私たちが考えている以上に、きちんとそのときの状況に応じてダイナミックに配偶子産生をコントロールしているようです。雌雄同体の場合は、どれくらいの資源を投資すれば、どれくらいの繁殖成功度が得られるか、という利得曲線の概念が重要になってきます（図2・8）[2-12]。

仮に今、自分が生殖に使える資源を全部メスの機能に投資していくとしましょうか。一般的には卵子というのは精子よりも大きく、胚発生に必要な栄養源などを多く含むため、つくるのにより多くのコストがかかります。自然界のように生物が得られる栄養に限りがある場合、卵子のような高コストの配偶子を産生するには、使える資源を費やせば費やしただけ、それに比例して繁殖成功度につながります。そのため、メスとしての利得曲線は直線的になると考えられています（図2・8Aメスの線）。

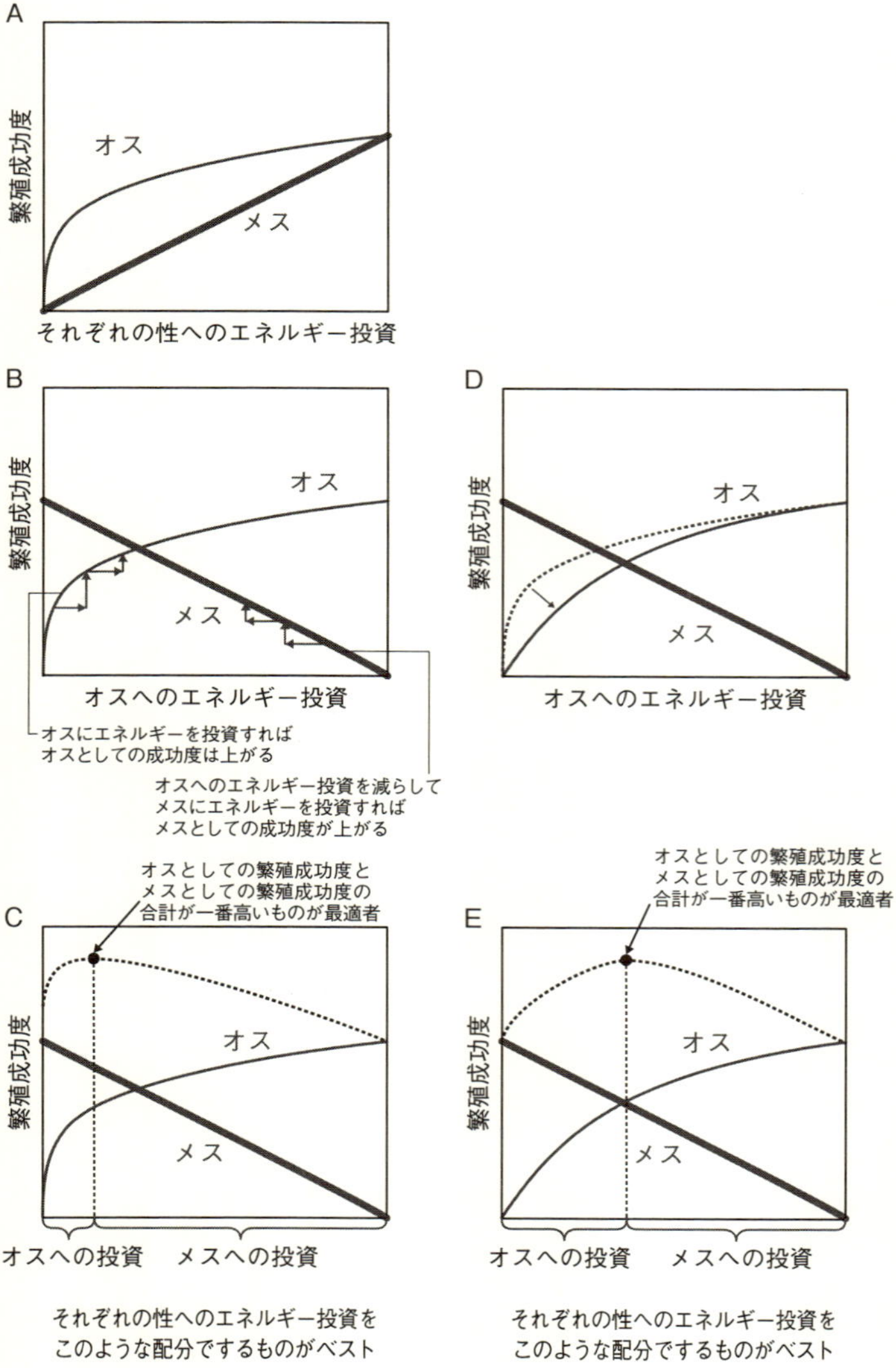
A
繁殖成功度
オス
メス
それぞれの性へのエネルギー投資
B
繁殖成功度
オス
メス
オスへのエネルギー投資
オスにエネルギーを投資すれば
オスとしての成功度は上がる
オスへのエネルギー投資を減らして
メスにエネルギーを投資すれば
メスとしての成功度が上がる
D
繁殖成功度
オス
メス
オスへのエネルギー投資
オスとしての繁殖成功度と
メスとしての繁殖成功度の
合計が一番高いものが最適者
C
繁殖成功度
オス
メス
オスへの投資
メスへの投資
それぞれの性へのエネルギー投資を
このような配分でするものがベスト
オスとしての繁殖成功度と
メスとしての繁殖成功度の
合計が一番高いものが最適者
E
繁殖成功度
オス
メス
オスへの投資
メスへの投資
それぞれの性へのエネルギー投資を
このような配分でするものがベスト

一方、オスの利得曲線を見てみましょう。一般的に精子をつくるコストは卵子に比べると少なくてすむので、少し資源を投資すれば多数の精子をつくることができ、ある程度の繁殖成功度はすぐに得られます（図2･8A オスの線）。しかし、もし雌雄同体の生物が交配相手と出会うチャンスが少ない状況にいるならば、利得曲線はすぐに頭打ちになってしまいます（図2･8A オスの線）。なぜなら、受精できる卵子は交配相手の数に依存するため、たくさんの精子をつくっても自分の精子同士が無駄に競争しあうだけで、繁殖成功度につながらないからです。資源を費やしてもそこから得られる繁殖成功度の見返りがもうそれほど増えないのであれば、ある程度のところでメスへの投資に切り替えた方が、結果的に得られる繁殖成功度は高くなりそうです（図2･8BとC）。

それでは、交配相手が多数いる場合はどうでしょうか。この場合、オスの利得曲線は図2･8Dのようになります。先ほどの場合よりも、すこし直線的なカーブです。なぜならば交配相手が多数いるということは、受精できる卵子が増えると同時に、それをめぐって競争する他

図2･8　雌雄同体の動物の利得曲線
Aはそれぞれの性へエネルギーを投資したときに、どれくらいの繁殖成功度がその見返りとして得られるかを概念的に示したもの。Bはオスの機能へのエネルギー投資を基準とした視点から、Aの図を表したもの。雌雄同体の生物の場合、オスへの投資を増やすならばその分メスへの投資を減らす、というトレードオフの関係が前提としてある。Cはエネルギーをどのようにオスとメスに分配していけば一番繁殖成功度が高くなるのかを示した図。Dは精子競争が少し激しくなった場合。オスの利得曲線は少し直線的になる。Eは、Dの場合にどのようにエネルギーをオスとメスに分配すれば一番繁殖成功度が高くなるのかを示した図。Cのときよりもオスへの投資を増やした方がよいことがわかる。

個体由来の精子も増えることになります。つまり精子競争が激しくなるため、先ほどとは異なり、投資量に対する繁殖成功度の見返りはすぐに頭打ちにはなりません。資源を雄性機能に投資し続ければ、それだけ競争に打ち勝って繁殖成功度を得られるようになります。しかし、利得曲線が頭打ちになるようなカーブをしている限り、やはりあるところでメスへの投資に切り替えた方が得になるポイントができます。すると、残りの資源をメスに投資できるような個体が、結果的に高い繁殖成功度を得られることになります（図2・8E）。

では実際のところはどうなのか。これらの性配分理論から導き出される一つの予測は、精子競争が激しくなると、雌雄同体の生物はより多くのエネルギーをオスの機能に投資するように性配分をシフトさせるということです（図2・8CとE）。実際、マクロストマム・リニアーノを、個体数の密度を変えて飼育してみると、個体数が多いとき、つまり精子競争が激しいときに、より大きな精巣を形成し精子の生産量を多くしているということが確かめられています[2-13]。マクロストマムがどのように精子競争の強弱を感知しているのかはまだわかっていませんが、状況に応じて配偶子の生産をコントロールする仕組みがあるなんて、まさに進化の妙ですね。

また性配分理論では、どういう場合に雌雄同体の生物が進化してくるのかということも予想しています。上記の説明ではオスの利得曲線が凸型のケースを扱いましたが、理論的には、雌雄どちらか一方でも利得曲線が凸型（いつか頭打ちになる）になるような場合、雌雄両方の性機能に投資する雌雄同体の生物が有利であり、進化してくると予想しています。メスの利得曲線が凸型になるのは、例えば「局所的資源競争」（local resource competition）などがある場合です。これは先ほどの「局所的配偶者競争」と考え方は似ています。植物などの場合、種《たね》が自分の木の周りに落ちて発芽すれば、限られた栄養資源を親と子の間で奪い合うことになります。つまり、たくさん雌性機能に投資して多くの種をつくったところで、それらを分散できなければ資源をめぐる身内同士の競争が激しくなるだけで、繁殖成功度はある程度のところで頭打ちになってしまいます。それならば雄性機能への投資も行うようにして、花粉をより多くばらまく努力をした方が資源を効率よく繁殖成功度へとつなげることができます。

局所的資源競争の概念は、雌雄同体の生き物だけではなく、オスとメスが分かれている種で性比が偏る場合にもあてはまります。たとえば娘が親のなわばりからあまり移動せず、資源をうばうような関係にあれば、娘よりも息子が多くなるといった具合です。また、ここでは省略させてもらいますが、競争関係だけではなく協力関係がある場合も同じです。つまり一方の性の血縁者と利害関係が生じることで、それを回避あるいは促進するように、性比が偏るようになるのです。興味のある方は、先ほど紹介した進化生物学者の長谷川眞里子博士の別著『雄と雌の数をめぐる不思議』（2001年、中央公論新社）などを読んでみると面白いですよ。

6　この章のまとめ

この章では、生殖というキーワードを通して、他の生き物からわかってきた一般的な生物学の基礎知識や考え方をご紹介しました。おさらいすると、前半では生殖細胞とはどのような細胞なのか、そしてそれはどう作られるのか、発生生物学的な視点からその仕組みを見てきました。そして後半では、そうしてつくった生殖細胞をいかに効率よく使い、質の高い子孫を多く残すかということについて、性淘汰や性配分といったトピックを通して、進化生態学的な考え方をお伝えしました。

これらのことを知ることで、これからご紹介するプラナリアたちの戦略が私たちとはずいぶん違っていること、しかしその背景には私たちヒトを含めた生物に共通の原理が働いており、単に表向きの行動が違っているだけなのだということを、おわかりいただけると思います。なぜ役に立ちそうもないちっぽけな生き物に、多くの研究者が魅了されるのか。この本を読み終えるころには、皆さんにもその魅力が伝わり、一緒にプラナリアにわくわくすることができたら最高です。

それではいよいよ次の章から、プラナリアの少し風変わりな生殖戦略を実際に見ていきましょう。

3章　ウズムシの有性生殖と無性生殖

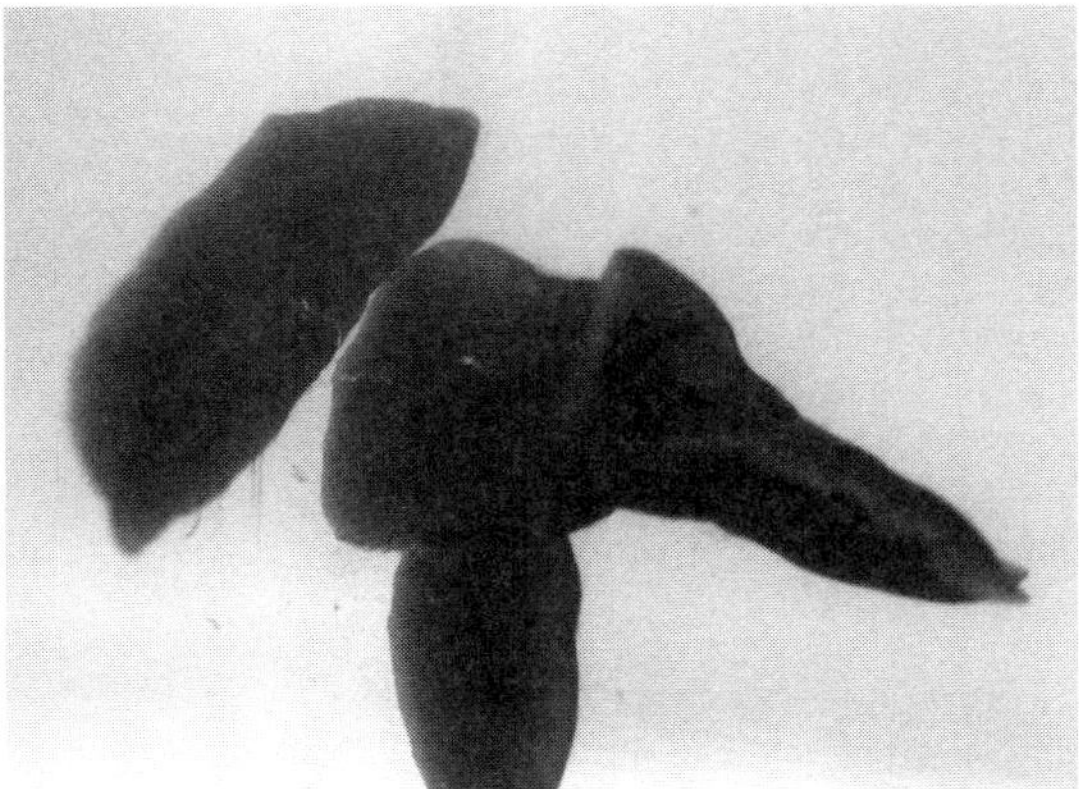

ウズムシの三角関係？　交尾の邪魔をしにくる奴(左上)

1 ウズムシの生殖器官について

プラナリアの多能性幹細胞ネオブラストの説明の項（1章5節）でもふれましたが、無体腔動物であるウズムシでは、間充織スペースに筋肉や神経、原腎管などの器官があり、これらの器官を埋めるようにネオブラストを含めた間充織細胞が散在しています。摂食時には、虫体中央部にしまわれている咽頭を腹側にある口から出して餌を得ます。咽頭基部から頭部側に1本、尾部側に2本、太い腸管が伸びていて三方に分岐しているので、ウズムシは三岐腸類といわれます（図3・1）。血管系が存在しないので、体中に走行している腸が栄養分を隅々まで送る働きをしています。老廃物は原腎管を介して体表から捨てますが、肛門はないので、未消化物は口から吐き出します [3-1]。

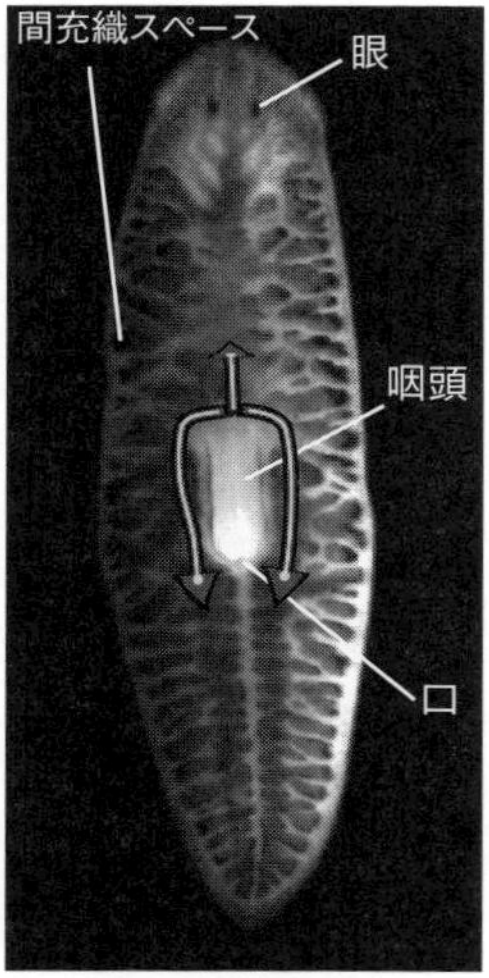

図3·1 原始的な後生動物ウズムシ
無体腔動物。写真はリュウキュウナミウズムシ無性個体に色素を混ぜた餌を摂食させて腸を染色したのちに固定したサンプル。間充織スペースに分化多能性幹細胞や原腎管などが存在している。血管系が存在しないので、腸が栄養分を隅々まで送らなければならず、体中に走行している。咽頭は体の中央部にあり、咽頭基部から頭部側に1本、尾部側に2本、太い腸管が伸びていて3方に分岐していることがわかる。肛門はない。

雌雄同体のウズムシの性成熟個体は、間充織スペースにオスの生殖器官とメスの生殖器官の両方を発達させています。（図3・2）。前方部腹側に一対の卵巣、頭尾軸に沿って卵巣より後方の背側領域に精巣が配置されています（腹側領域に精巣がある種もいます）。ウズムシは雌雄同体ですが、自身の精子と卵子で受精、すなわち自家受精は起こりません。それは咽頭の後方にある複雑な交接器官のおかげで、物理的に自己の精子と卵子が出会わないようになっているのです（図3・3）。腹側に、膣でもあり、自分のペニスの出し入れ口にもなる雌雄兼用の生殖孔が開いています。交接器官は、精巣から供給された自分の精子を貯めておく貯精のう、それにつながるペニスと、膣、相手の精子を貯めておく交接のう、それにつながる卵管がうまく分離した構造になっていて、自家受精が起こらないようになっているわけです。

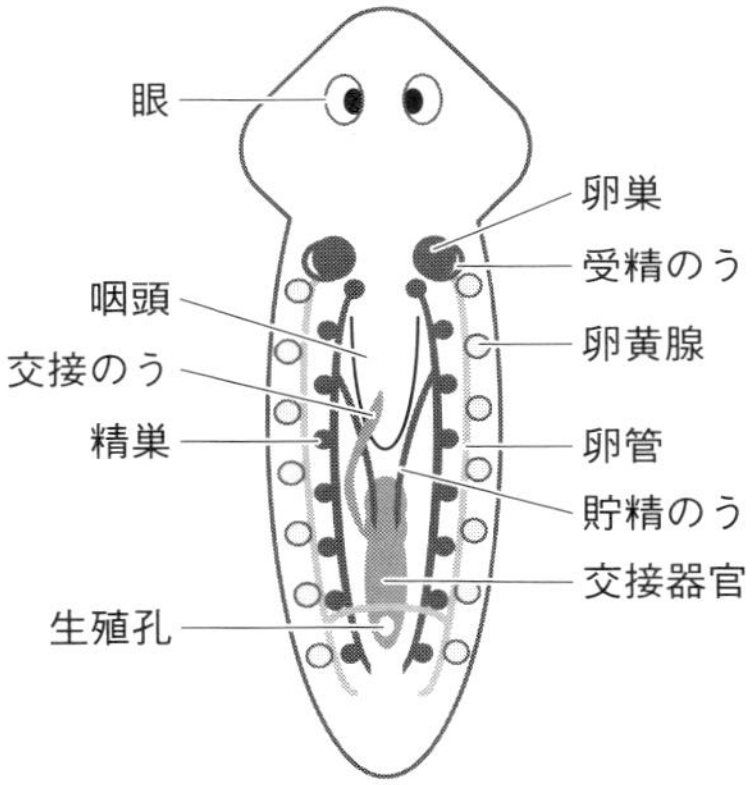

図3･2　ウズムシの生殖器官
生殖器官の配置を示している。オスの生殖器官とメスの生殖器官の両方を間充織スペースに発達させている。

交接のうに一時的に貯められた相手の精子は、数か月も貯蔵しておけるといわれています。この能力は、厳しい環境変化の中で子孫を残す確率をあげることに貢献していると予

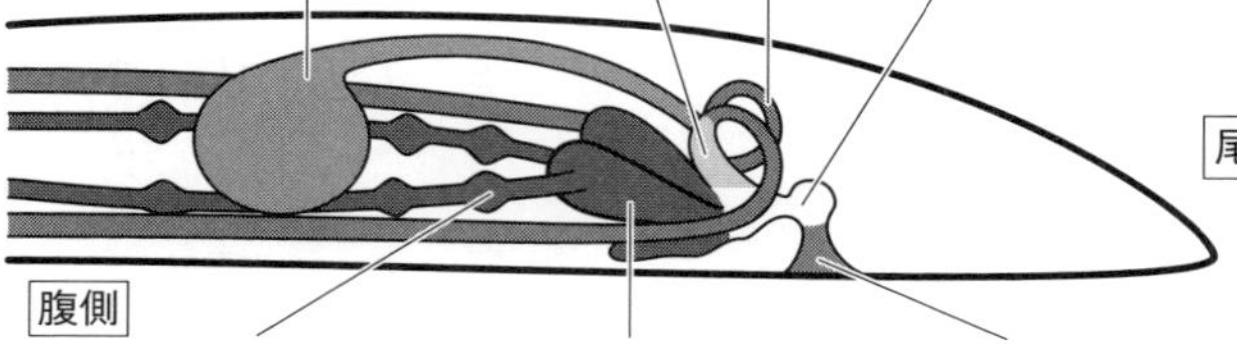

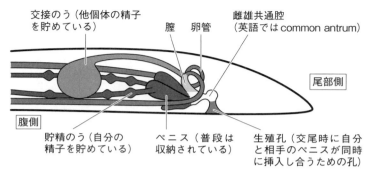

図3·3　ウズムシの複雑な交接器官の模式図

想できます。そして、長期にわたる保存能力は、複数のオスの精子を保存することも許します。複数のオスの精子を保存することができることから、前章（2章4節）でも説明した性淘汰が働く可能性も考えられます。この場合の性淘汰では、動物が生涯につくる卵の数に比べて、精子の数が圧倒的に多いという大前提があります[3-2]。つまり、メスは自分の貴重な遺伝子を運ぶ卵を、そうやすやすといい加減に適当なオスに渡せない（オスの精子と受精させせない）わけです。一方、無尽蔵に精子をつくれるオスは、メスを選ぶというより、むしろ貴重なメスの卵を獲得するために他のオスを蹴落とすことに必死になるわけです。その結果、一般的に性淘汰は、もっぱらオスが行うパートナー獲得のための同性の個体間の競争（同性間淘汰）と、メスが主に行うパートナーの選択（異性間淘汰）の二つに大きく分けられます。このようなオスとメスとの間での攻防は、2章4節でも説明した性的対立の一つになっていると考えられています。

一般に、性淘汰は交尾前の現象であるように理解されていますが、それは一夫一妻制で、かつメスは受け取った精子を貯蔵しないという前提で考えた場合にのみ成立します。そして、性淘汰の提唱者であるダーウィンの時代には、ウズムシやミミズといった雌雄同体動物では性淘汰は働いていないと考えられていました。しかしながら、実際には、多くの動物が多夫多妻制（乱交性）をとり、メスは精子を一定期間貯蔵する特殊な器官をもっていることが多いのです。このような特徴は交尾後の性淘汰を可能とし、交尾前性淘汰と同様に、オスによる同性間淘汰（精子競争）とメスによる異性間淘汰（隠れたメスの選択：2章4節参照）が起こっていると現在考えられています。交尾後性淘汰という新たな概念は、ウズムシやミミズのような雌雄同体動物でも性淘汰が起こることを許します。現在、交尾後性淘汰の研究はショウジョウバエを中心に雌雄異体動物で専ら進んでいます。ウズムシは他個体の精子を貯蔵する器官である交接のう（図3・3）をもっていますから、そこで交尾後性淘汰が起こっていてもおかしくありません。

2　ウズムシの交尾行動と産卵

研究室でウズムシの性成熟個体を同じ容器に数十匹飼育していると盛んに交尾します。ウズムシの眼にレンズはなく、像を結ぶことはできないので光を感受するのみです。ですから、交尾

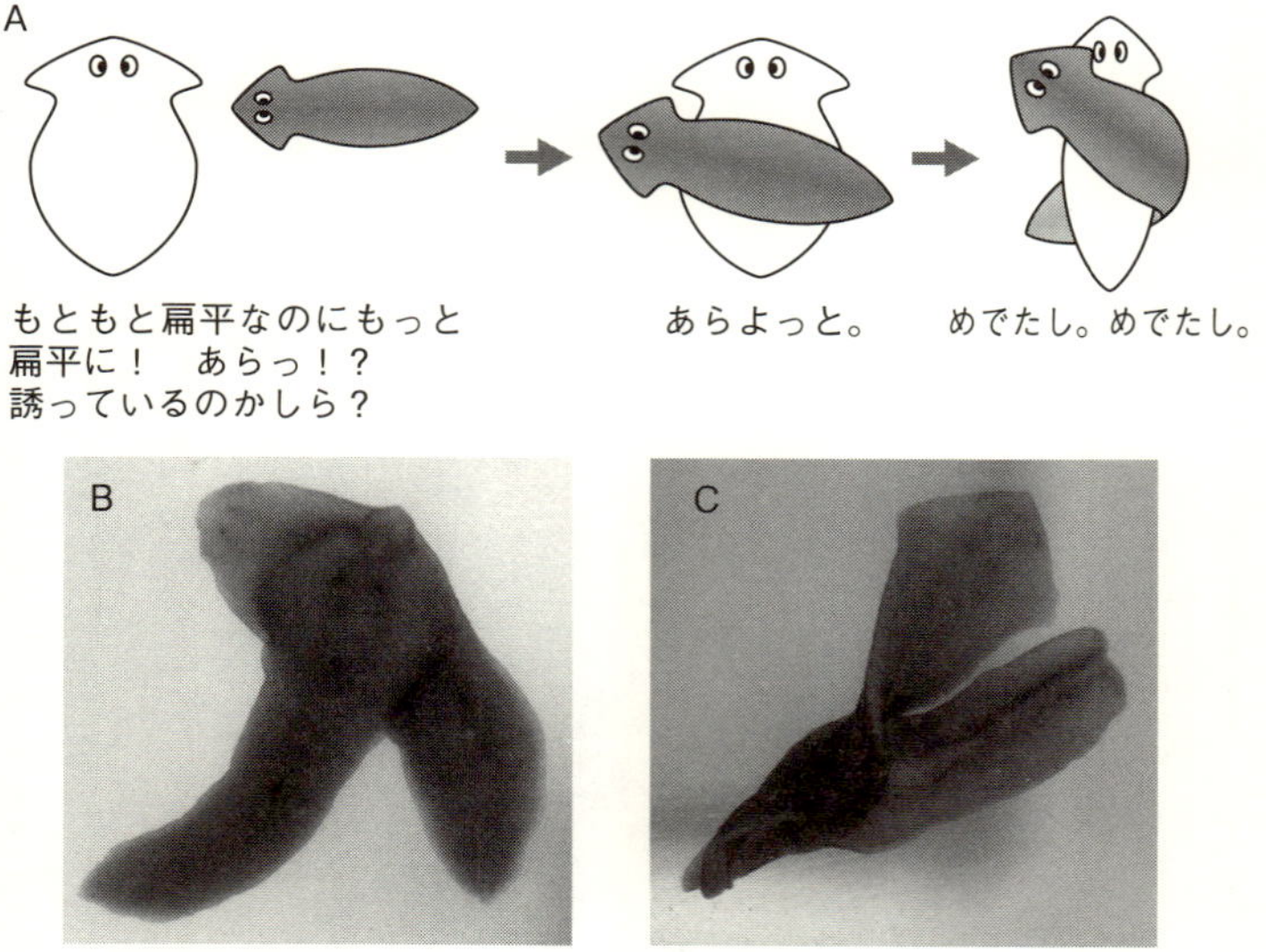
A
もともと扁平なのにもっと
扁平に！　あらっ！？
誘っているのかしら？
あらよっと。
めでたし。めでたし。
B
C

図3·4　ウズムシの求愛行動と交尾
A：求愛行動から交尾への過程の説明。B：リュウキュウナミウズムシの求愛行動。Aのように下の個体がさらに平べったくなることがある。C：リュウキュウナミウズムシの交尾。

行動のきっかけは視覚ではなくフェロモンのような化学物質に依存していると考えられます。

交尾の直前には1匹が普段から平べったい体をさらに平べったくします。するともう1匹がその背中を這《は》い回るといった求愛行動が観察できます（図3・4A、B）。そして、交接器官のある尾部側を絡ませてそれぞれの生殖孔からペニスを出して、相手の生殖孔に挿入し射精します（図3・4A、C）。交接のうに保存されている精子は、卵管を通って卵巣の一部である受精のうで卵と出会います

（図3・2、図3・3）。受精卵は今度、逆向きに卵管を移動して交接器官まで移動します。そして、「卵黄腺」とよばれるプラナリア特有の生殖器官から供給される多数の卵黄腺細胞も、卵管を通り交接器官で受精卵と合流します。そして、そこで、いくつかの受精卵と多数の卵黄腺細胞を含む「卵殻（コクーン）」が形成され、生殖孔から産み出されます（図3・5）。

普通、卵には胚発生に必要な栄養（卵黄）が含まれていて「単一卵」とよばれます。これに対してウズムシでは、胚発生に必要な卵黄のほとんどが卵ではなく卵黄腺細胞に依存しています。このようなケースは、単一卵に対して「複合卵」とよばれています。複合卵は扁形動物門だけに

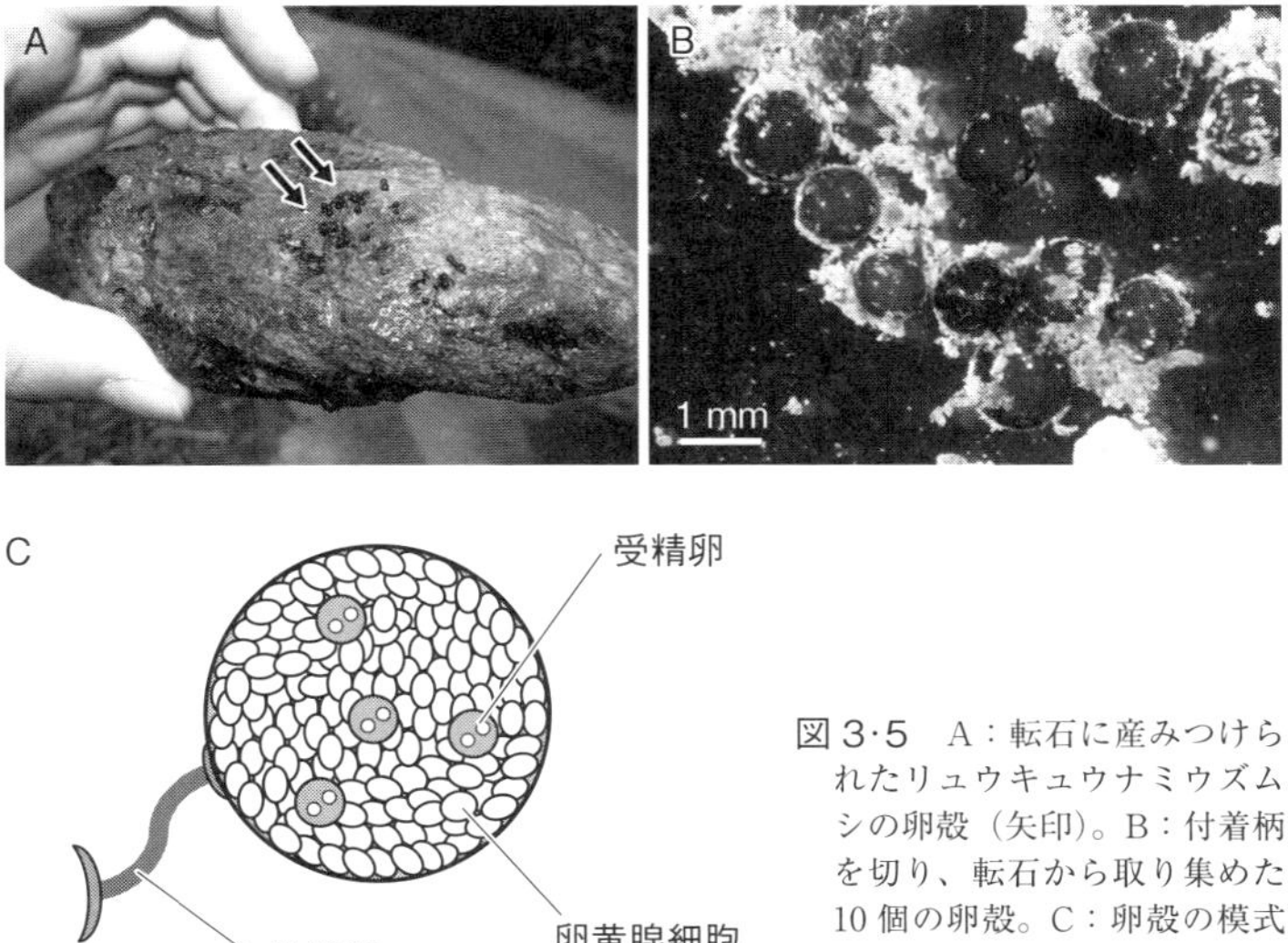

図3·5　A：転石に産みつけられたリュウキュウナミウズムシの卵殻（矢印）。B：付着柄を切り、転石から取り集めた10個の卵殻。C：卵殻の模式図。

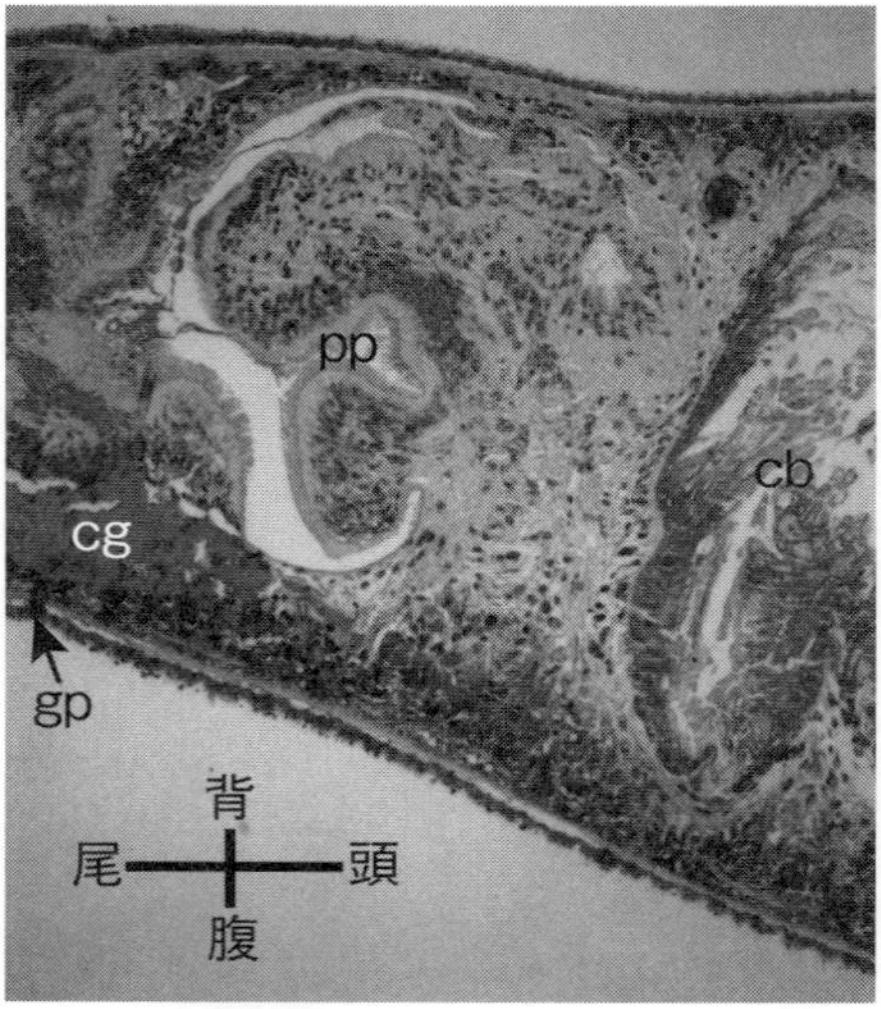

図3·6　リュウキュウナミウズムシ性成熟個体の交接器官周辺の組織像（エオシン・ヘマトキシリン染色）
エオシンで強く染まるセメント腺（cg：cement gland）が生殖孔周辺にみられる。cb：copulatory bursa（交接のう）、gp：genital pore（生殖孔）、pp：penis papilla（ペニス）。

みられる特殊な卵です。扁形動物門の動物でも、ヒラムシやマクロストマムのように単一卵をつくるものもいます。

ウズムシは自然界で石の裏などの基質に卵殻を産みつけます（図3・5）。卵殻は付着柄で、かなりしっかり基質に付着しているので、ちょっとした水流では外れません。黒色の殻は堅く、ピンセットや針などで強い力を加えないと割れません。水に不溶な堅い物質が、柔らかいウズムシの体にあらかじめ用意されているとは考えられません。交接器官の周辺を組織学的に見てみると、エオシンという染色剤で強く染まるセメント腺とよばれる分泌腺があります（図3・6）。おそらく、ここから分泌される化合物が、ある種の化学反応で不溶化するのだと思います。ウズムシが産卵の姿勢にはいると、数時間動かなくなりますが、その時に受精卵、卵黄腺細胞、セメント腺からの分泌物などをいっせいに交接器官に集めて卵殻を形成しているのだと予想されます。実際に、交接器官の部分に、見る間に白色の球状の物体ができあがり膨れ上がってきます（図3·7A）。産卵した直後の卵殻は白色からクリーム色で、それから1時間くらいで赤色に変わり、一日も経つと黒色になります（図3·7B、C）。

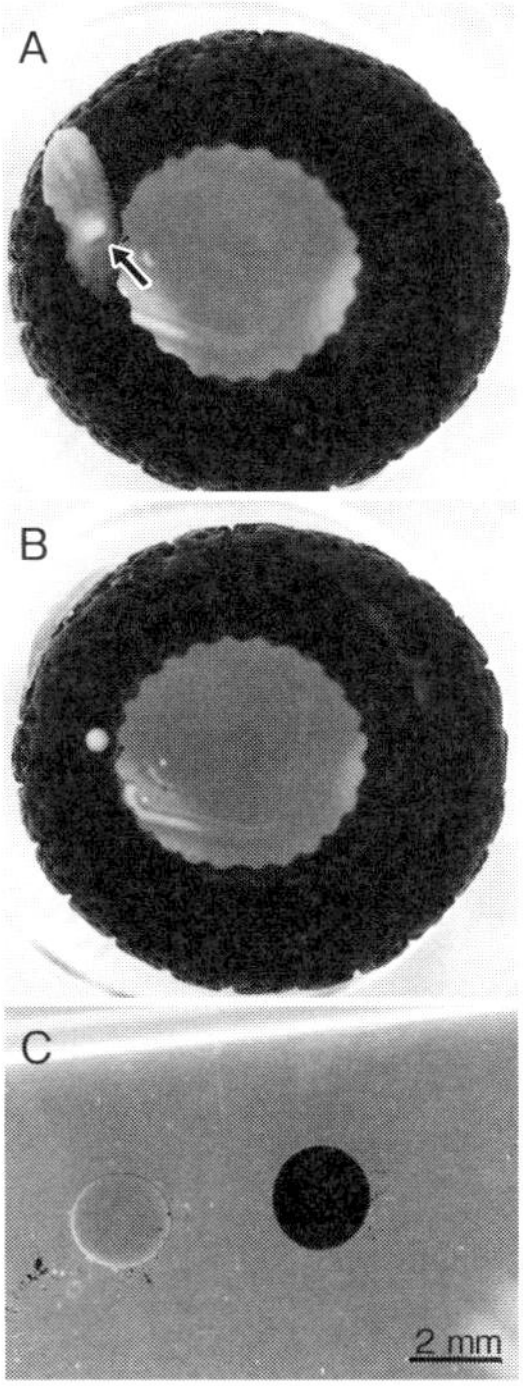

図3·7　ウズムシの産卵と卵殻の色の変化
A：円筒形の基質［セラミック製の濾材「マルチリング」（株式会社リーフ）］に卵殻を産みつけようとするリュウキュウナミウズムシ。交接器官で白色の卵殻が形成されつつあるのがわかる（矢印）。B：産卵直後の卵殻。C：イズミオオウズムシの卵殻。左は産卵直後のクリーム色の卵殻。右は産卵後、数時間たった赤黒色の卵殻。ウズムシの卵殻は産卵後、1日も経過すると黒色になっている。

3　ウズムシの生殖細胞の決定について

ウズムシの受精は体内で起こりますが、精子由来の雄性前核と卵子由来の雌性前核の融合は産卵後に起こります。ですから、胚発生は産卵後の卵殻内で始まります。ウニやカエル、ホヤの胚発生といった、高等学校の教科書に載っているような典型的な卵割のパターンはとりません[3-3]。増殖した割球がまずは形態形成し、幼生様の胚をつくります。この幼生様胚には仮咽頭や仮表皮ができていて、周囲にある卵黄腺細胞由来の栄養物を胚内に取り込みます。この栄養を使って胚はさらに発生を進めて成体となります。

2章で少しふれましたが、たいていの動物では、生殖細胞のもとになる始原生殖細胞が胚発生中に体細胞と分離します。始原生殖細胞を含めた生殖系列細胞が、どのように決定されるかという研究が、発生生物学の中でも一つの研究分野になるくらい盛んに行われています。生命の連続性を担う生殖系列の分化の仕組みの解明は、生命の根幹に関わる大テーマであり、多くの研究者が魅了されるのだと思います。

始原生殖細胞の決定は、ショウジョウバエや線虫のように卵子に由来する母性因子によって決まる場合と、哺乳類のように胚発生中に決定がなされる場合の二つに大別され、前者を「前成的決定」(preformation)、後者を「後成的決定」(epigenesis) とよびます（図3・8A、B）。そ

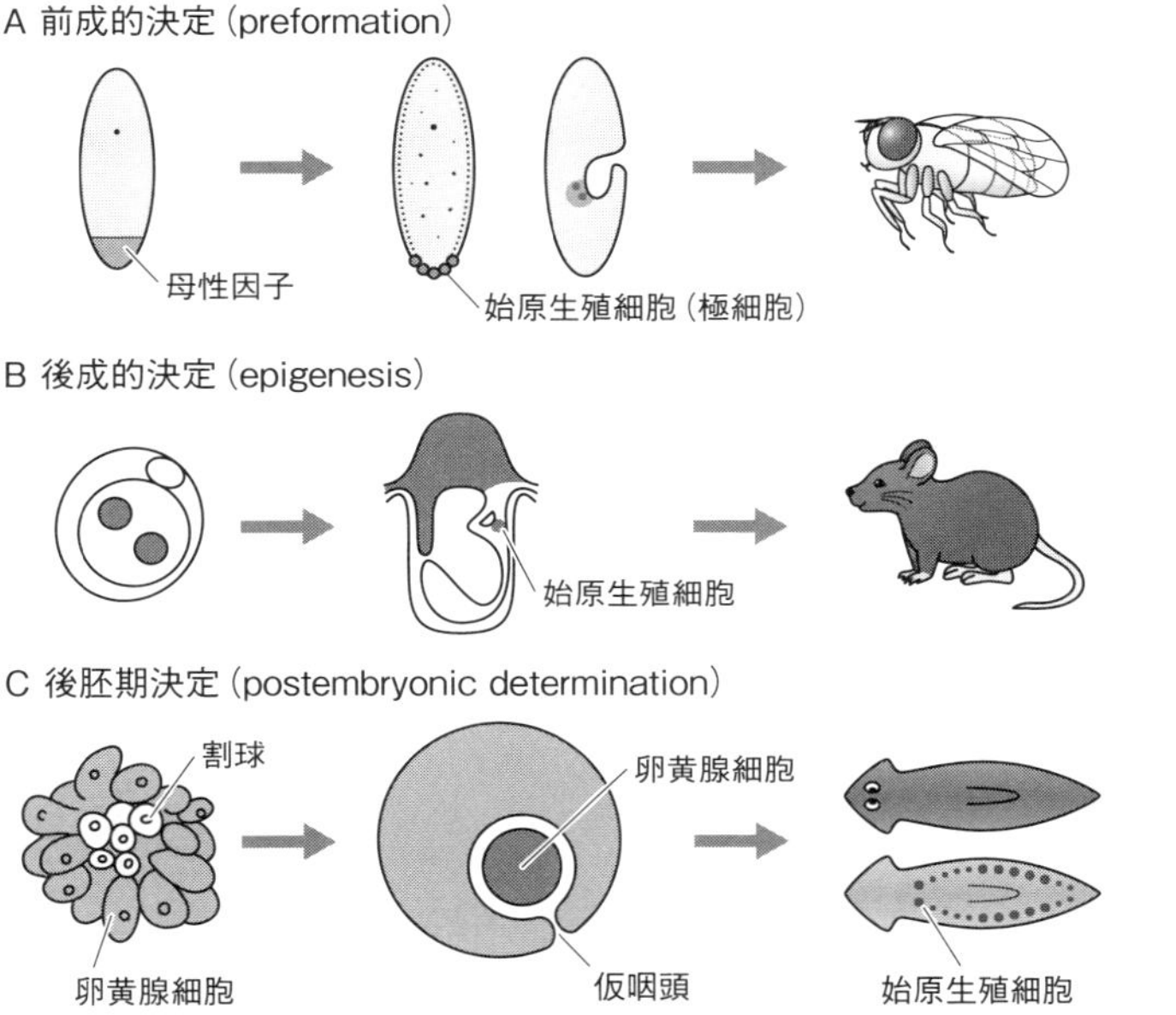

図 3·8　始原生殖細胞の決定の 3 タイプ

A：前成的決定（preformation）を行う動物では、卵子には生殖細胞質とよばれる領域があり、そこには始原生殖細胞の決定に関わる母性因子群がすでに備わっている。受精後、胚発生が進んでいく過程でこの母性因子群を含む細胞が始原生殖細胞となっていく。この図はショウジョウバエの例。B：後成的決定（epigenesis）を行う動物では、卵子には生殖細胞質は観察されず、胚発生中の周囲の細胞からの誘導シグナルにより前成的決定での母性因子群に相当する分子をもつことになった細胞が始原生殖細胞となる。この図はマウスの例。C：後胚期決定（postembryonic determination）を行う動物はたいてい、分化多能性幹細胞をもち、胚発生後に前成的決定での母性因子群に相当する分子を誘導することで、始原生殖細胞をつくりだすことができる。この図は淡水棲ウズムシの例。ウズムシの胚発生は典型的な卵割パターンをとらない。多数の卵黄腺細胞中で割球同士はルーズに集合しながら細胞数を増やす。胚発生が進むと仮咽頭（胚のときにだけある咽頭）が現れ、仮咽頭から胚内部に卵黄腺細胞を取り込み、栄養としている。始原生殖細胞の決定の 3 タイプで共通する分子が存在する一方で、各々の決定様式に特徴的な分子が存在していて、独特な仕組みが働いていることも留意したい。

れではウズムシではどうでしょうか？　図3・9の写真はすべての動物の始原生殖細胞の決定に関与しているナノス（Nanos）とよばれるタンパク質［3-4］の遺伝子発現を、孵化したばかりのウズムシで検出したものです。卵殻内では数匹～十数匹の胚が発生してきますから、卵黄腺細胞由来の栄養物の取り合いや兄弟同士での共食いが起こります。その結果、孵化時には個体の大きさの違いが生じます。ナノス遺伝子の卵巣予定領域での発現が、体の大きい個体にだけみられます。この結果から、ウズムシでの始原生殖細胞の決定は、胚発生中ではなく、孵化後に起こることがわかります。

ちなみにネオブラストは胚発生中に出現しますから、ウズムシの始原生殖細胞はネオブラストから生じていると考えられます。ネオブラストをもつプラナリアのように、分化多能性幹細胞をもつ動物では、このように胚発生後に始原生殖細胞をつくりだせるので、「後胚期決定（postembryonic determination）型」とよばれ、先の二つの決定様式とは区別して扱われています（図3・8C）。

将来、精巣や卵巣になる予定領域で、始原生殖細胞は精原細胞や卵原細胞になります。成熟した精巣は、哺乳類の精細管のように外側から内側に向かって精子形成が進行します。精原細胞と精母細胞を区別することは形態レベルでは困難ですが、減数分裂が完了した精細胞はサイズが小さくわかりやすいです。そして、中心に鞭毛が発達した精子が観察できます（図3・10A）。

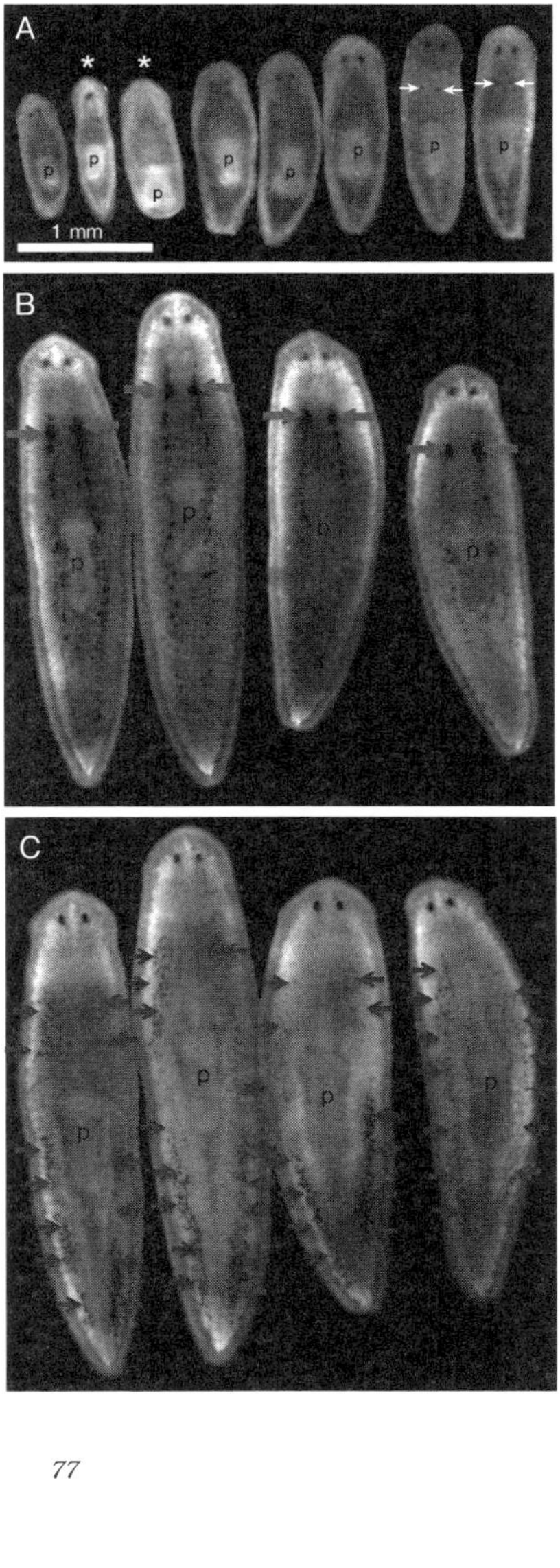

図3·9　リュウキュウナミウズムシでの *nanos* 遺伝子の発現

nanos 遺伝子の産物、Nanosタンパク質はほとんどすべての動物で始原生殖細胞の分化決定に関与している進化的に保存された重要な分子。A：卵殻から孵化したてのリュウキュウナミウズムシの仔虫では卵巣分化予定領域に *nanos* 遺伝子の発現（矢印）が始まる。多くの仔虫ではまだ発現が始まっていないことがわかる。＊は発生が不完全な個体。B：生殖器官発達中のリュウキュウナミウズムシ（腹側）。発達中の卵巣で *nanos* 遺伝子の強い発現が認められる（矢印）。C：生殖器官発達中のリュウキュウナミウズムシ（背側）。発達中の精巣でも *nanos* 遺伝子の強い発現が認められる（矢印）。pは咽頭。

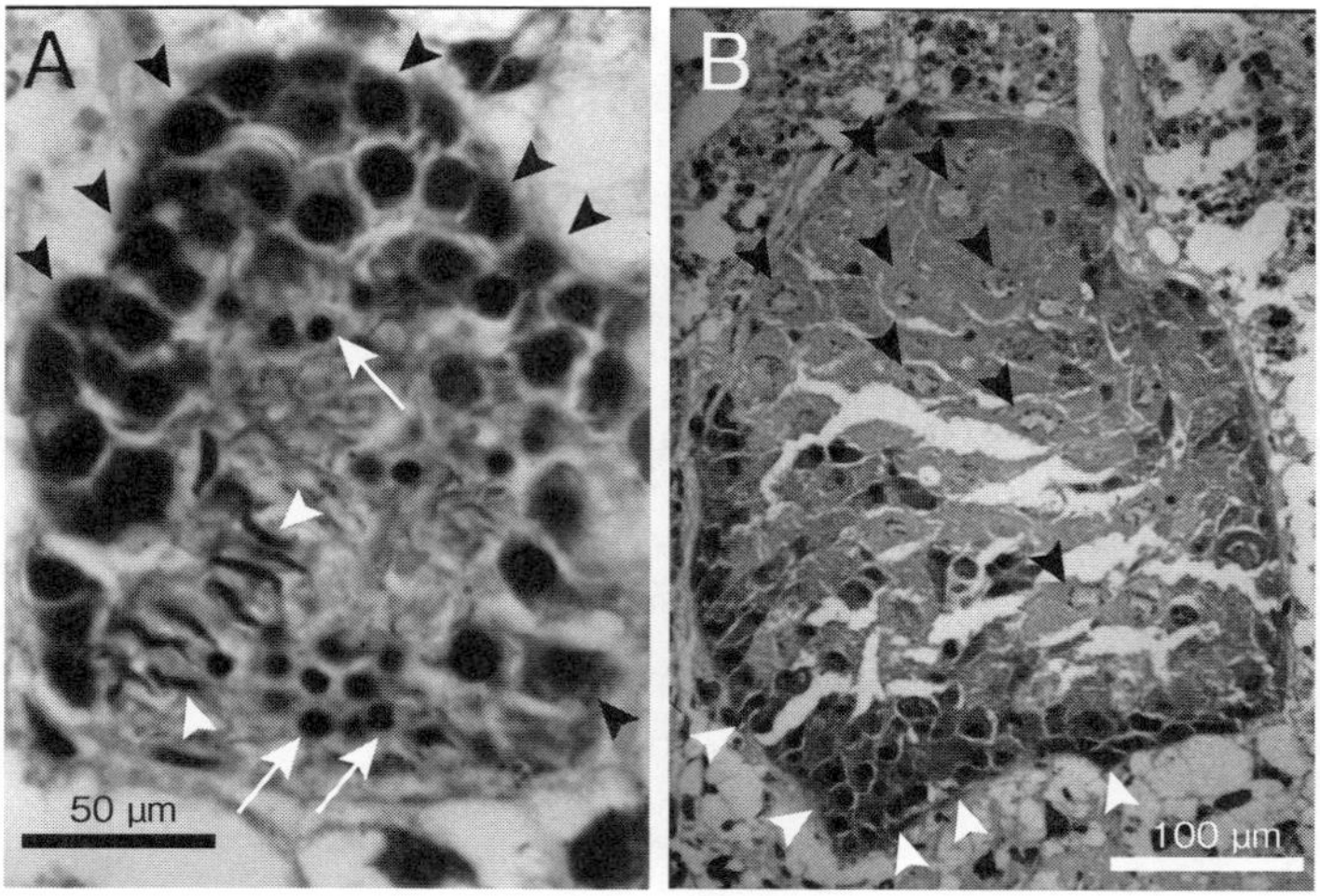

図3·10 リュウキュウナミウズムシの生殖巣

A：精巣。黒い矢尻は精原細胞あるいは精母細胞。白い矢印は精細胞、白い矢尻は精子。B：卵巣。白い矢尻は卵原細胞。黒い矢尻は卵母細胞。

プラナリア（ウズムシやヒラムシ）の精子は、図2·2Eで示した典型的な哺乳類の精子とは大きく形態が異なります。核とミトコンドリアがらせんをつくり棒状になり、先体構造はみられません。そして、鞭毛を2本もっています（図3·11）。これはプラナリアの精子が特別というわけではありません。教科書にはヒトを含めた哺乳類の精子が説明されているために先入観があるだけで、動物界には多様な形態をした精子があるのです。卵巣は哺乳類の卵巣とは随分異なった構造をしています。卵原細胞と卵母細胞ははっきり区別ができ、減数分裂の第一分裂前期で停止した卵母細胞には発達した核（卵核胞）が確認できます（図

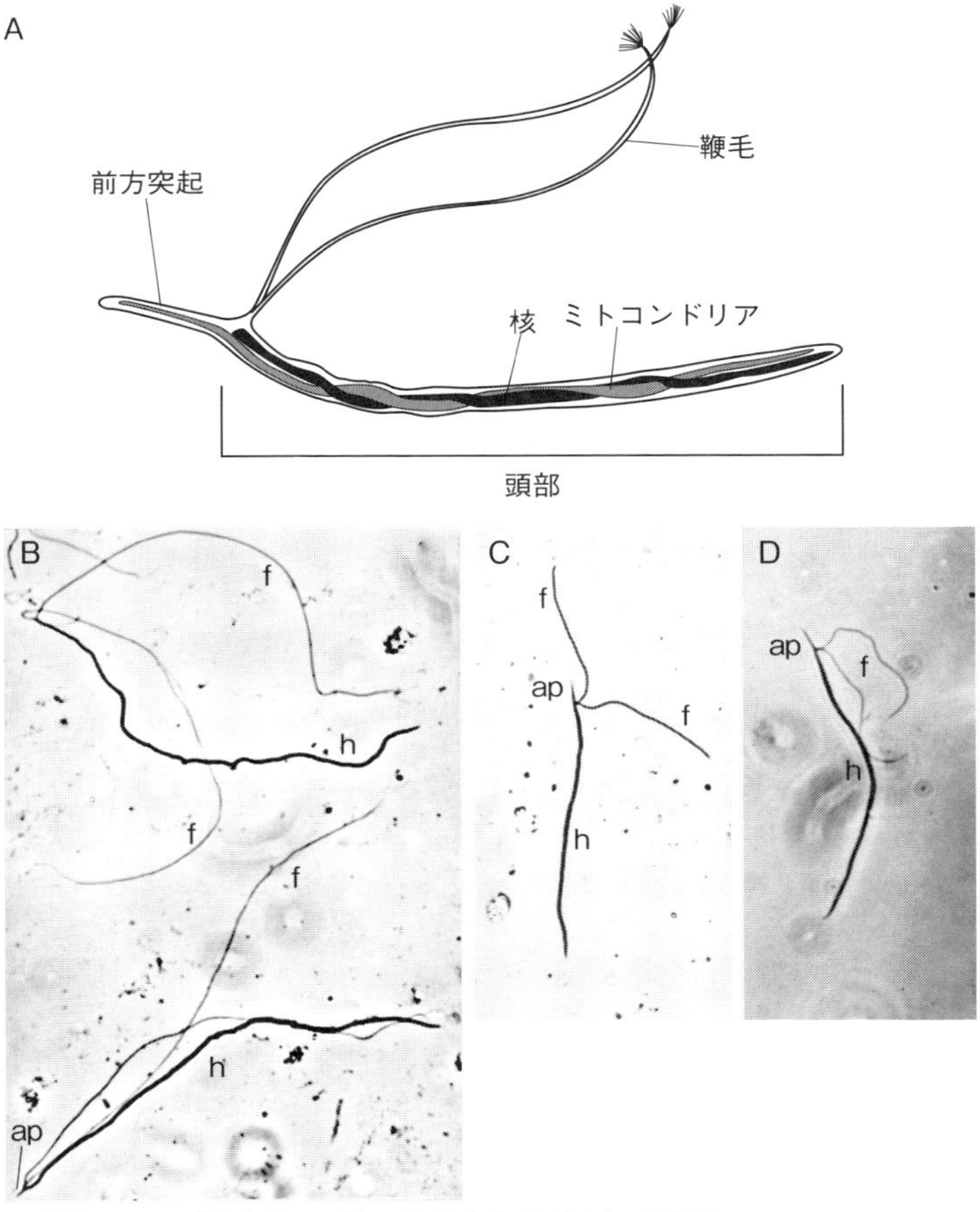

図3·11　プラナリア（ウズムシとヒラムシ）の精子
核とミトコンドリアが らせんをつくり、棒状になっている。先体構造はみられない。そして、鞭毛を２本もっている。A:プラナリア精子の模式図。B：トウホクコガタウズムシの精子。C：キタシロカズメウズムシの精子。D：ナツドマリヒラムシの精子。ap：前方突起、f：鞭毛、h：頭部。
（写真提供：石田幸子）

3・10 B)。

1章5節で説明したように、ウズムシでは体を構成する細胞がネオブラストからのターンオーバーで維持されています。このような特徴があるために、私たちヒトではありえない「逆成長」をすることができます。栄養状態が良いときにはネオブラストから分化細胞の供給が盛んになり細胞数が増えて成長しますが、飢餓状態になると分化細胞の供給が停滞するために細胞数が減少して小さくなるのです。つまり、個体のプロポーションは変えずに小型化するということです。個体の生存に必要な体細胞はなくなることはありませんが、生殖巣（生殖細胞）や生殖器官は退化します。自然界では栄養状態だけではなく、季節的に（おそらく温度に依存して）生殖器官の成熟と退化を繰り返すことがイズミオオウズムシでわかっています[3-5]。

ネオブラストをもっているウズムシは、成長と逆成長を行えるわけですが、それでは、ウズムシはどうやって死を迎えるのでしょうか？　実はウズムシの死（寿命）については、まだ謎が多いのです。研究室で観察していますと、どうも産卵をするから死ぬということでもなさそうです。

筆者は栄養状態が良すぎるとどうなるかと疑問をもち、性成熟個体に餌をやり続けたことがあります。その結果、生殖器官は過剰に発達し、ついには頭部と交接器官部位から崩壊をはじめて、その部位から再生することもできず溶けてなくなってしまいました（図3・12）。ウズムシの性成熟個体に寿命があるとしたら、これがウズムシに共通した死ぬときの姿なのでしょうか？　こ

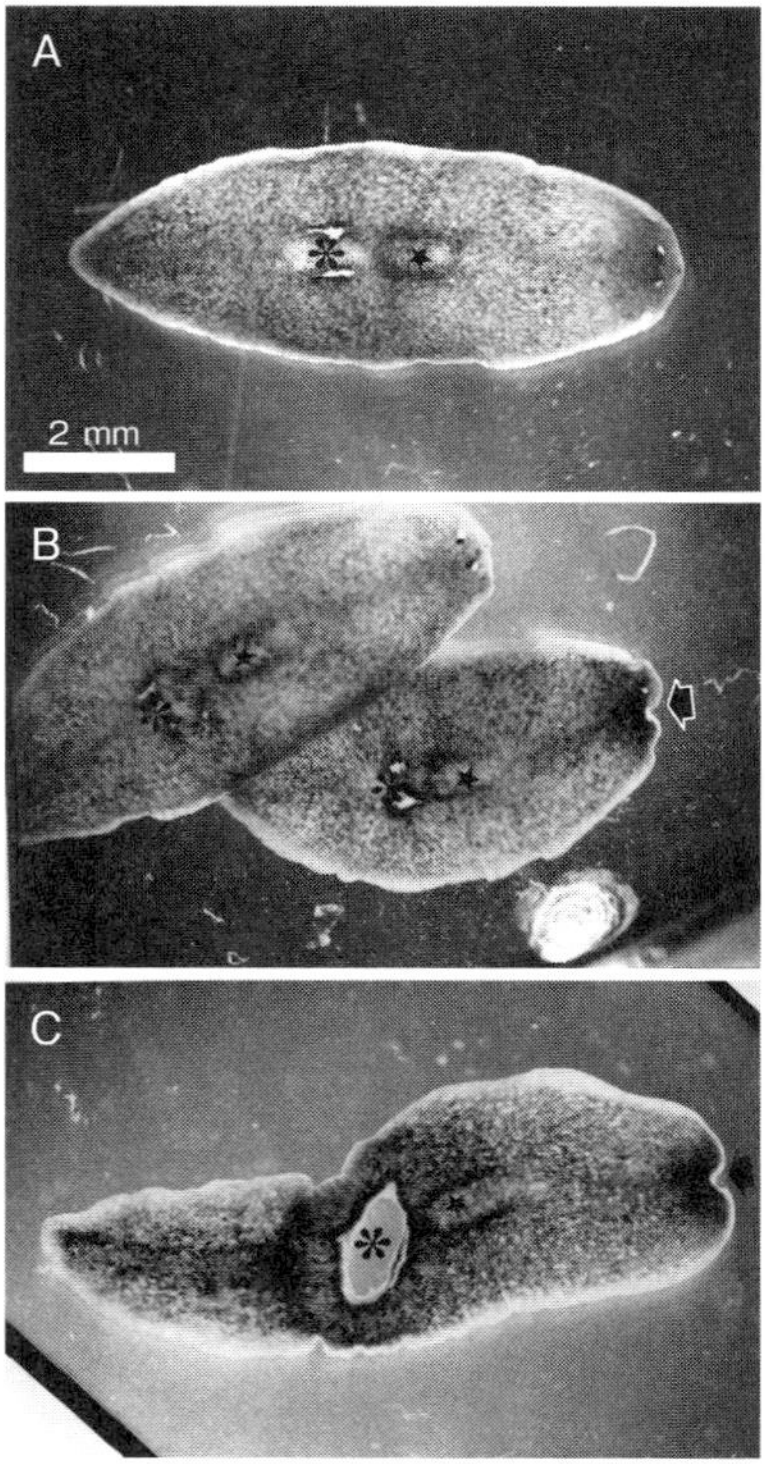

図3·12　リュウキュウナミウズムシの死？
性成熟個体に餌を毎日やり始めて16日目に交接器官（＊）や頭部（矢印）からの崩壊がはじまる個体がみられるようになる（AとB）。給餌19日目にはこれらの崩壊が進み（C）、この数日後に完全に崩壊した。星印は咽頭。

の現象をウズムシの「死（寿命）」と定義してよいのか、いまだに判断がついていません。このあと4章8節では、ウズムシの死（寿命）について、2章2節で紹介したテロメアと関連させてまたふれたいと思います。

4　横分裂／再生による栄養生殖型の無性生殖

前節まで、ウズムシの生殖器官と有性生殖について紹介してきました。そこではあえて有性生殖を行う個体を性成熟個体と表現していたのですが、普通は「有性個体」（sexual worm）とよばれています。これに対してこの節で紹介する、生殖器官をもたずに横分裂による無性生殖を行う個体を「無性個体」（asexual worm）とよびます。しかし、カズメウズムシ（図1・5B）のように成熟した生殖器官をもっていても栄養生殖型の無性生殖を行うものもいるので、「有性個体でも無性生殖をするものもいる」というややこしいことになってしまいます。次章で詳しく説明しますが、横分裂／再生による栄養生殖型の無性生殖ができないことが、生殖器官を発達させて有性生殖をする原因になっているわけではないのです。逆に、孵化したばかりのウズムシは生殖器官をもっていませんが、彼らをこの時点で無性個体と決められるかというとそれはまた難しいのです。

また、イズミオオウズムシのように有性生殖しかしない種でも、季節的に生殖器官を退縮することもありますが、無性個体というのは変ですよね。つまり「生殖器官をもたないという理由だけで無性生殖の能力があるわけではない」わけです。

あらためて本書での定義を整理すると、①雌雄両方の生殖器官を発達させて有性生殖を行う個体を「有性個体」とよぶ。②横分裂による栄養生殖型の無性生殖は有性個体でも行う種、あるいは系統が存在している。③生殖器官をもたず無性生殖を行う個体を「無性個体」とよぶ、ということになります。

ウズムシの横分裂のきっかけは体サイズ、光周期、そして生息密度などに依存しています[3-6]。また、ウズムシの横分裂の位置は、種や系統そして有性化過程の段階に関係して異なるようです。性成熟したカズメウズムシでは交接器官より後方（尾部側）で切れます。ナミウズムシの無性個体はたいてい、咽頭の後方で切れるようです。筆者らの実験動物であるリュウキュウナミウズムシの無性クローン個体（ＯＨ株）は、咽頭の前方で切れることが多いです。４章で紹介するＯＨ無性個体の実験的有性化過程では、横分裂の位置が有性化に従って咽頭の後方で起こる頻度が高くなり、最終的に有性化した個体の横分裂は起こらなくなります。いったん横分裂が開始すると、図3・13で示すような虫体の運動により約10分で完了します。

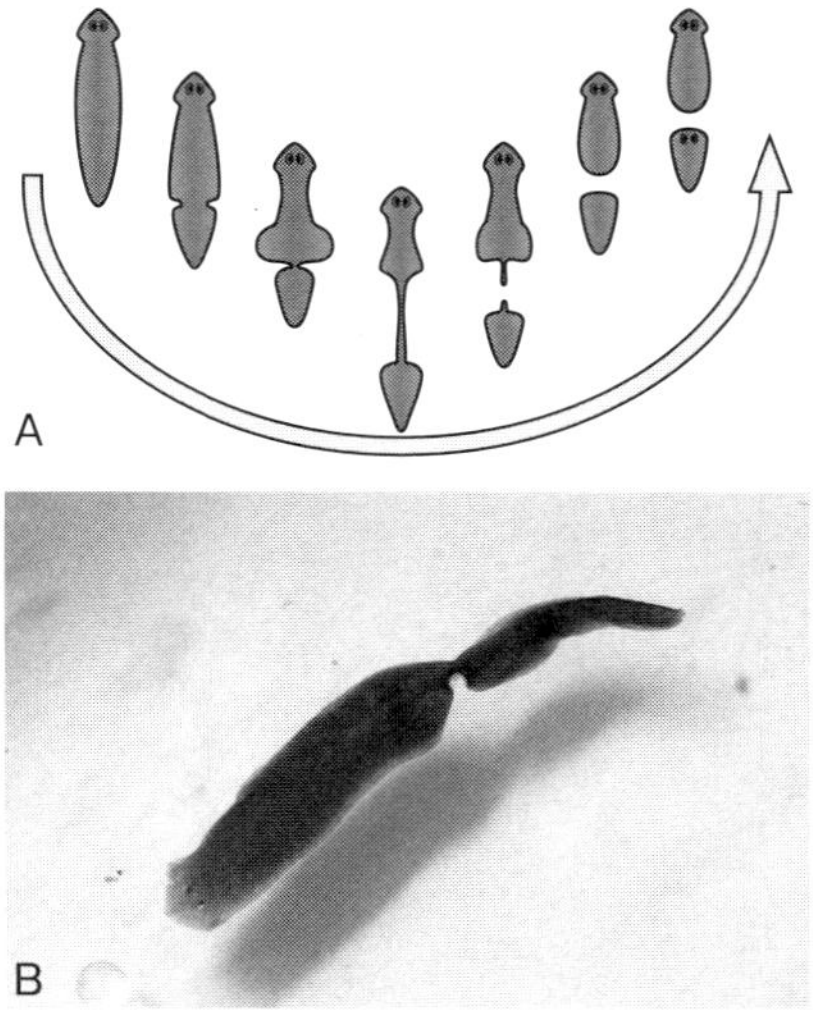

図３·13　ウズムシの横分裂
Ａ：虫体の劇的な運動により約10分で横分裂は完了する。Ｂ：横分裂途中のリュウキュウナミウズムシ。

横分裂後は失った領域の再生が起こります。ウズムシの再生はプラナリア研究で最も盛んに行われている分野ですし、その仕組みも詳しく解明されつつあります。多くの教科書や啓蒙書でも紹介されているので、本書では再生については触れません。一方、横分裂がどのように制御されているのか、なぜ横分裂ができる種／系統と、できない種／系統がいるのかなどについてはわかっていないことばかりです。有性生殖のみのウズムシ、ヒラムシやマクロストマムもネオブラストをもっています（図1・17）。横分裂を行わないヒラムシやマクロストマム、そして、イズミオオウズムシやコガタウズムシ（*Phagocata kawakatsui*）などを横分裂様に切断すると、脳を含んだ頭部断片が尾部側を再生できても、尾部断片が頭部（脳）を再生できません（図1・4）。これらのプラナリアがたとえ横分裂ができたとしても、再生後に個体数は増えませんから、これでは「生殖」は起こりません。

兵庫県立大学の梅園良彦博士は、尾部断片が頭部を再生できないはずのコガタウズムシでも、β-カテニン遺伝子についてdsRNA（二重鎖RNA）を用いたRNAi法による遺伝子ノックダウンによって、実験的に頭部（脳）をつくり得ることを示しました[1-3]。このことは、コガタウズムシのネオブラストに脳をつくるための多能性がなかったわけでなく、前後軸におけるボディプランの制御に原因があることを示しています。もし、コガタウズムシもその尾部断片に頭部（脳）形成能力があるのならば、横分裂可能であると考えられないでしょうか？　筆者は、横分裂ができるかどうかは、胚発生で形成された脳以外の場所に、ネオブラストからエピジェネティックに異所的な脳をつくれるのかどうかと強い関係性があると予想しました。

学習院大学の阿形清和博士らのグループは、頭部（脳）に特異的に発現しているFGF受容体関連受容体NDK（ノウダラケ）遺伝子を2002年に発見しました[3-7]。NDK遺伝子の発現を、RNAi法によってノックダウンすると、何とナミウズムシの体中に異所的な脳を誘導することができるのです。つまり、NDKは頭部以外に脳が誘導されないように抑制する働きがあると考えられます。筆者はリュウキュウナミウズムシ（OH株）でNDK遺伝子をノックダウンすることで、横分裂が引き起こされることに気がつきました（未発表）。この結果は、異所的な脳の形成によって横分裂が誘導されるという、先述の仮説を支持する結果であると考えています。

ウズムシでは断頭すると横分裂を誘導できることが知られています[3-8]。OH無性個体では断頭後、約1週間でほぼすべての尾部再生体が横分裂を行います。断頭によりNDKが特異的に発現している頭部（脳）がなくなることは、NDK遺伝子のノックダウンを起こしている状況に類似しており、断頭による横分裂の誘導は、NDKによる脳形成の抑制の一時的解除によって引き起こされたと考えられます。棒腸目のクサリヒメウズムシ（*Stenostomum grande*）の無性生殖では、三岐腸目ウズムシの場合と異なり、横分裂のまえにそれぞれの断片に頭部（脳）が形成されます[1-2]。クサリヒメウズムシの無性生殖も、異所的な頭部（脳）形成が横分裂を誘導するという、筆者らの仮説で説明することができるかもしれません。

5 栄養生殖型の無性生殖と倍数性

2章で、ヒトはゲノムのセットを二組もつ二倍体生物であるというお話をしました。ヒトに限らず有性生殖を行う動物はたいてい、二倍体生物です。倍数性が偶数倍であることは、減数分裂で相同染色体が対合して二価染色体を形成するという点で重要なことだと考えられます（図2・4）。

皆さんがよくご存知の種なしスイカは、細胞質分裂を阻害する化学物質のコルヒチンを使うことによって四倍体のスイカをつくり、その四倍体スイカの胚と二倍体スイカの花粉とで交配させてつくり出されます［3-9］。種なしスイカの体細胞のゲノムセットは3*n*になっていますから、減数分裂を行うことができないわけです。動物でもヤマメなどのサケ科の魚類で人工的に3*n*の個体を作出することが可能で、このような個体はやはり不稔になっています［3-10］。

卵子や精子の形成過程で偶発的に減数分裂に問題が起こり、2*n*の配偶子がつくられることは起こりうることで、結果として自然界で三倍体生物が生じることは少なくありません。当然ですが、三倍体生物は有性生殖では子孫は残せませんので、淘汰されてしまうと考えられます。しかし、三倍体生物が栄養生殖型の無性生殖で繁殖可能であるならば、自然界で発見されてもおかしくありません。実は、ナミウズムシやリュウキュウナミウズムシでは三倍体個体の無性個体が自然界でよく観察されるのです［3-11］。

筆者らは2010年に沖縄県名護市の大浦川（北緯26度34分01・76秒、東経128度02分14・74秒）で採集したリュウキュウナミウズムシのうち、38匹の無性個体の株化（クローン化）に成功しました。そのうち、13系統の核型を調査したところ、1系統だけが二倍体で残りの12系統は三倍体でした。カズメウズムシは三倍体だけでなく四倍体、六倍体と倍数体の多様化が非常にすすんでいます［1-2］。ただし、多倍数性は栄養生殖型の無性生殖の原因となっているわけではなく、結果的に、倍数化した個体は栄養生殖型の無性生殖で繁殖しやすかったと考えるべきかと思います。

6　精子依存性単為生殖型の無性生殖で「不定期に生じる性」

ウズムシには三倍体の性成熟個体も存在しています。ヨーロッパに生息しているシュミッティア・ポリクロア（*Schmidtea polychroa*）には栄養生殖型の無性生殖を行う個体、いわゆる「無性個体」の報告がありません。すべての個体が生殖器官を発達させるこの種では、二倍体個体の他に三倍体個体や四倍体個体が存在しています。二倍体個体はヒトと同じく典型的な有性生殖を行っていますが、三倍体個体や四倍体個体は2章3節で紹介した単為生殖を行います。この単為生殖は胚発生のきっかけに精子を必要とする精子依存性単為生殖で、いわゆる雌性生殖に分類されます。

普通、三倍体の動物は減数分裂ができないので、卵子は体細胞分裂を経てつくられます。ところが、ウズムシの精子依存性単為生殖では、驚くことに減数分裂が起こっているのです。三倍体の卵子から発生したシュミッティア・ポリクロアは胚発生中に三倍体のネオブラストを生じます。そして、孵化後に始原生殖細胞（あるいは卵原細胞、精原細胞）が三倍体のネオブラストから生じる時に、雌性生殖細胞では染色体数が倍加して六倍体になります。一方、雄性生殖細胞では1ゲノムセットは排除されて二倍体となるのです。偶数倍のゲノムセットになった卵原細胞や精原細胞が減数分裂をしてそれぞれ、三倍体の卵子と一倍体の精子が生じるという非常に変わった配偶子形成が起こっています（図3・14）[3-12]。

雄性生殖細胞系列で1ゲノムセットを排除するというのはあまり馴染みがない現象ですが、雌性生殖細胞系列で起こっている減数分裂前の染色体数の倍加は、他の動物の単為生殖でもよく見られる現象で「エンドミトシス」（endomitosis）とよばれています。本書では、これらの精子依存性単為生殖を行っている性成熟個体を、有性個体ではなく単為生殖型無性個体とよぶことにします。

ドイツのチューービンゲン大学のニコ・ミヒェルのグループは、シュミッティア・ポリクロアの

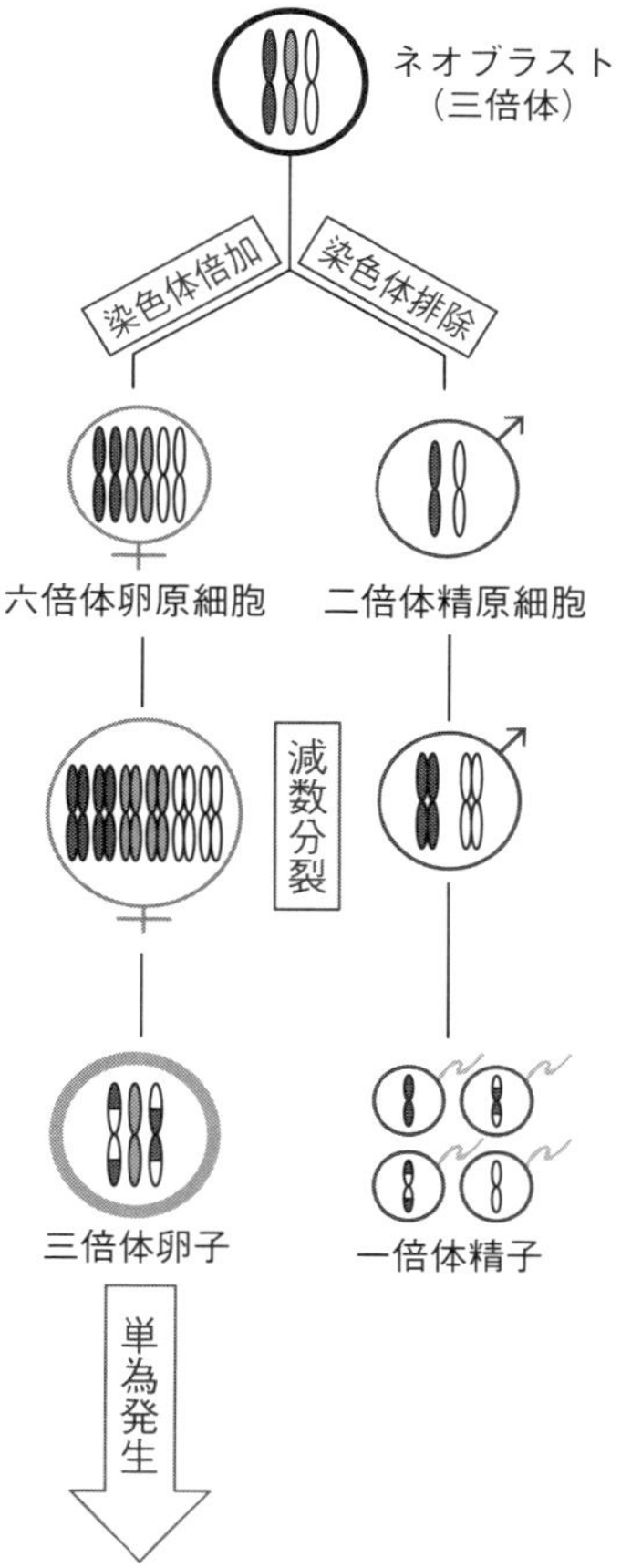

図3·14　シュミッティア・ポリクロアにおける精子依存性単為生殖(pseudogamy)型の無性生殖
三倍体のネオブラスト（分化多能性幹細胞）から1ゲノムセットは排除されて二倍性の雄性生殖細胞系列が生じる。一方、雌性生殖細胞系列では染色体数が倍加して六倍体となる。偶数倍のゲノムセットになった精原細胞や卵原細胞が減数分裂をして、それぞれ三倍体の卵子と一倍体の精子が生じる。胚発生の開始のきっかけに精子を必要とするが、受精後に精子は排除される。雌性生殖細胞系列で起こっている減数分裂前の染色体数の倍加は、他の動物の単為生殖でもよく見られる「エンドミトシス」(endomitosis) である。エンドミトシスでは倍加した相同染色体同士間で二価染色体が形成されて染色体の乗換え現象が起こるが、これによって生じる卵子は単為発生するので、子供は親のクローンに限りなく近い状態になっていると考えられる。

単為生殖型無性個体の驚くべき繁殖方法を報告しました[3-13]。ドイツ・バイエルン州ミュンヘンの南西に位置するアマー湖（Ammersee）には、三倍体と四倍体の単為生殖型無性個体が共存しています。ニコ・ミヒェルらは、三倍体と四倍体の単為生殖型無性個体間で、低頻度ではあるものの有性的なプロセスが起こっていることを証明し、この現象を「不定期に生じる性」(occasional sex）と名づけました。「不定期に生じる性」は、次の三つの過程からなります（図3・15）。

①三倍体個体由来の三倍体の卵子が、精子依存性単為生殖で排出されるべき一倍体の精子の排出に失敗して、1ゲノムセット付加されて四倍体個体となる（図3・15A）。

②四倍体個体が通常、ゲノムセットを倍加して四倍体の卵子を形成するが、倍加に失敗して減数分裂に入った結果、二倍体の卵子が生じることがある。この二倍体の卵子と一倍体の精子が融合して三倍体個体となる（図3・15B）。

③三倍体の卵子あるいは四倍体の卵子の1ゲノムセットが、一倍体の精子由来のゲノムセットと置き換わる。卵由来の1ゲノムセットは卵外に排出されるため倍数性は変化しないが、性（同種2個体間で遺伝子を混ぜ合わせ）が生じたことになる（図3・15C）。

ニコ・ミヒェルらは、「不定期に生じる性」があるおかげでシュミッティア・ポリクロアの単為生殖型の繁殖が成立しているかもしれないと結論しています。一般に、偶発的に生じた三倍体の動物の運命は、減数分裂をすることができず、不稔となるために子孫を残せず淘汰されるか、

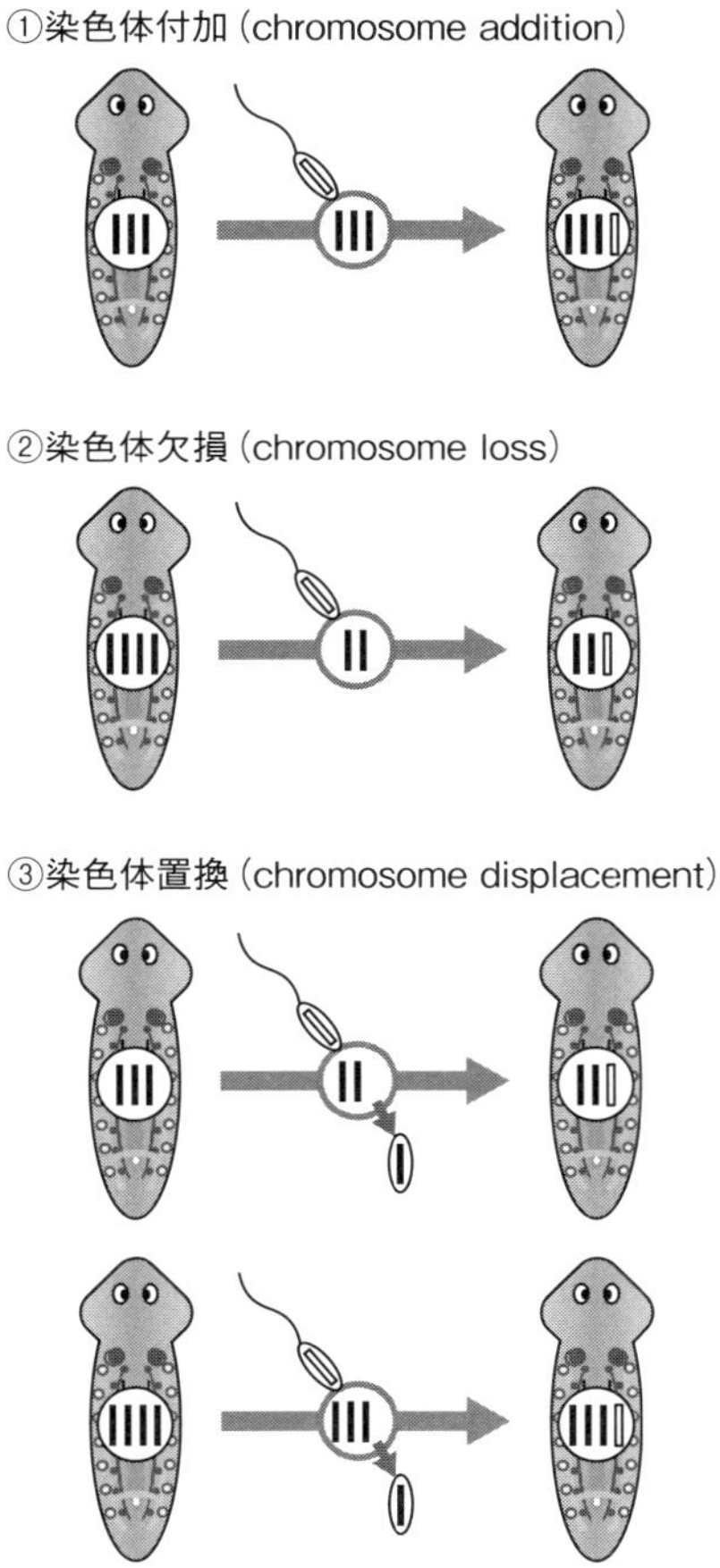

図3·15　精子依存性単為生殖（pseudogamy）型無性生殖で不定期に生じる性（occasional sex）

シュミッティア・ポリクロアでのoccasional sex（不定期に生じる性）は三つの過程からなる。①三倍体個体由来の三倍体の卵子がpseudogamyで排出されるべき一倍体の精子の排出に失敗して1ゲノムセット付加されて四倍体個体となる（chromosome addition）。②四倍体個体が通常、ゲノムセットを倍加して四倍体の卵子を形成するが、倍加に失敗して減数分裂に入った結果、二倍体の卵子が生じることがある。この二倍体の卵子と一倍体の精子が融合して三倍体個体となる（chromosome loss）。③三倍体の卵子あるいは四倍体の卵子の1ゲノムセットが一倍体の精子由来のゲノムセットと置き換わる。卵子由来の1ゲノムセットが卵外に排出されるため倍数性は変化しないが、性が生じたことになる（chromosome displacement）。（文献3-13を参考に作図）

単為生殖を行うと考えられています。三倍体のゲノムセットは、無性的に固定され、性（同種2個体間で遺伝子を混ぜ合わせ）が生じにくいことは、「三倍体の障壁」（triploid block）とよばれています。ニコ・ミヒェルのグループの、ウズムシを用いたこれらの研究結果は、理論上絶滅の運命にあるとされる無性生殖の運命を回避できることを示唆しています。「不定期に生じる性」は単為生殖型の無性生殖が動物界で多くみられる、いわゆる「無性生殖のパラドックス」の解決となりうる点で大変重要であると思います。

それでは、栄養生殖型の無性ウズムシの運命はどうなるのでしょう。次章から筆者の研究を中心に解説していきたいと思います。

４章　ウズムシの栄養生殖型無性生殖と有性生殖との間の転換現象

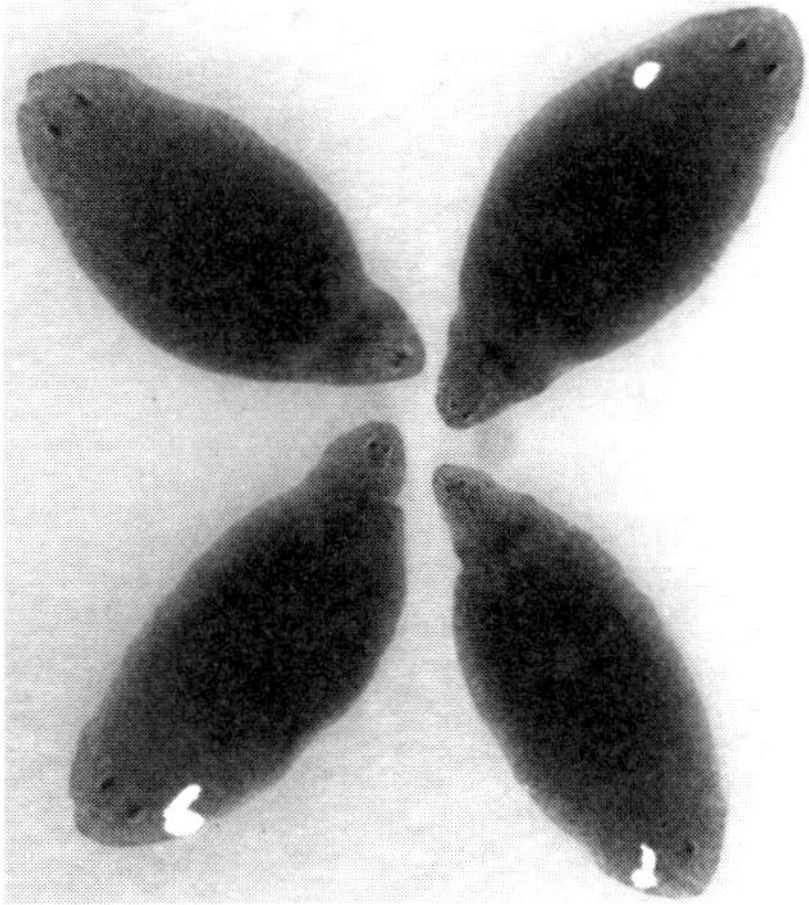

β-カテニン遺伝子をノックダウンして尾部側を頭部化した個体。ウズムシでは特異的な遺伝子の二重鎖 RNA を与えることで遺伝子ノックダウンができる（3 章参照）。

1　季節によって二つの生殖様式を転換するウズムシ

理論上、絶滅の運命にあるとされる無性生殖が、多くの動物門で見られることは「無性生殖のパラドックス」とよばれています。単為生殖型の無性生殖での一つの説明として、3章の最終節でウズムシの「不定期に生じる性」（occasional sex）を紹介しました。では、栄養生殖型の無性生殖ではどうでしょうか？　栄養生殖型のウズムシの無性個体は、季節的に、おそらく水温の変化(低温)が重要な要因となって生殖器官を発達させて、有性生殖をするようになります(有性化)。そして、冬になるにつれて水温が下降してくると、彼らは交尾をして卵殻を産みます。親は厳しい環境で越冬できないかも知れませんが、低温環境でも卵殻中ではゆっくりと発生が進行するために、その期間をやりすごすことができると思われます。春になり子供が生まれてきますが、夏になるにつれて水温も上昇してくると、生殖器官は発達せずに、栄養生殖型の無性生殖で個体数を増やします。越冬できた有性個体も生殖器官を退化させて、無性生殖を始めます（図4・1）。ウズムシではこの生殖様式転換機構が、栄養生殖型の無性個体群の絶滅を回避しているのではないかと考えられます。ウズムシの生殖様式転換の仕組みの中には、さまざまな動物に共通するものもあると期待できます。

1章で紹介したように、吸虫類や条虫類といった寄生性の扁形動物は、ウズムシの親戚です。

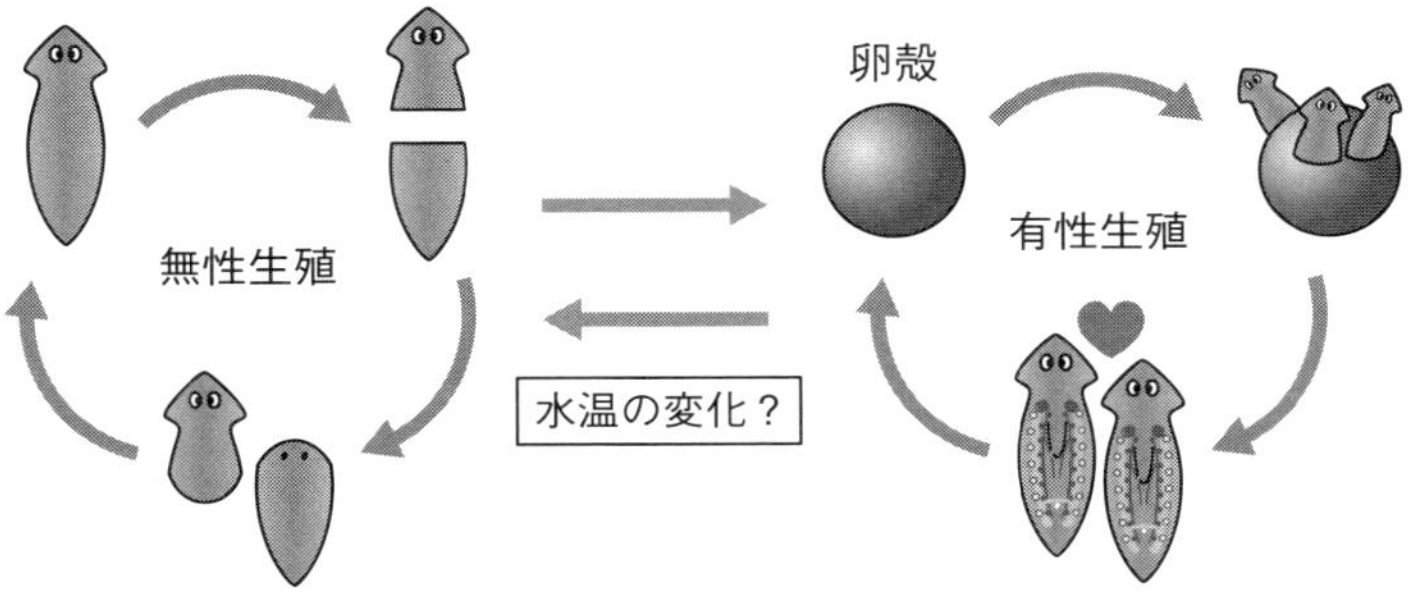

図 4·1　生殖様式を転換するウズムシの概念図
無性状態のウズムシは生殖器官をもたず、分裂と再生を繰り返して増殖している。有性状態のウズムシは雌雄の生殖器官をもち（雌雄同体）、交尾／産卵で繁殖している。自然界では水温の変化が生殖様式の転換に重要な要因と考えられている。

高等学校の生物教材でも、ウズムシの生殖様式転換を解説していることを筆者は見たことがないのですが、吸虫類や条虫類の場合、「有性世代と無性世代の交代」というように「世代交代」で詳しく紹介されているようです（図4・2、図4・3）。寄生性の扁形動物は「環境的な要因」ではなく、「宿主」に依存している点で違いはありますが、まさにこの世代交代は生殖様式転換であるわけですから、実は多くの読者の方が知っている現象なのです。扁形動物で共通する生殖様式転換の仕組みがあるかもしれませんから、扱いの容易な自由生活性のウズムシの研究から得られる知見によって、寄生性の扁形動物による人類への脅威が軽減あるいは解決する可能性も十分期待できます。

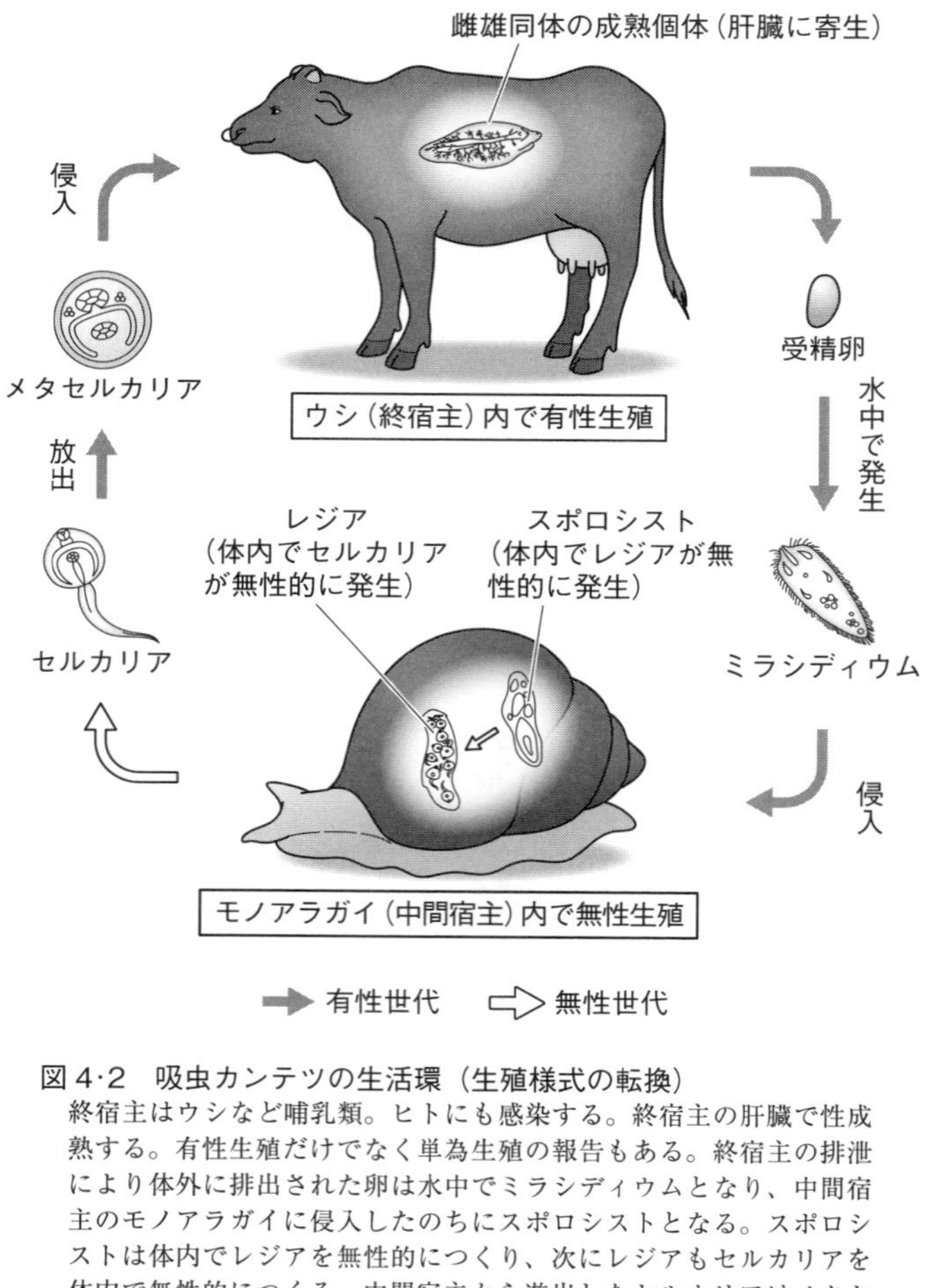

図 4·2　吸虫カンテツの生活環（生殖様式の転換）

終宿主はウシなど哺乳類。ヒトにも感染する。終宿主の肝臓で性成熟する。有性生殖だけでなく単為生殖の報告もある。終宿主の排泄により体外に排出された卵は水中でミラシディウムとなり、中間宿主のモノアラガイに侵入したのちにスポロシストとなる。スポロシストは体内でレジアを無性的につくり、次にレジアもセルカリアを体内で無性的につくる。中間宿主から遊出したセルカリアはメタセルカリアになったのちに終宿主に摂食される。

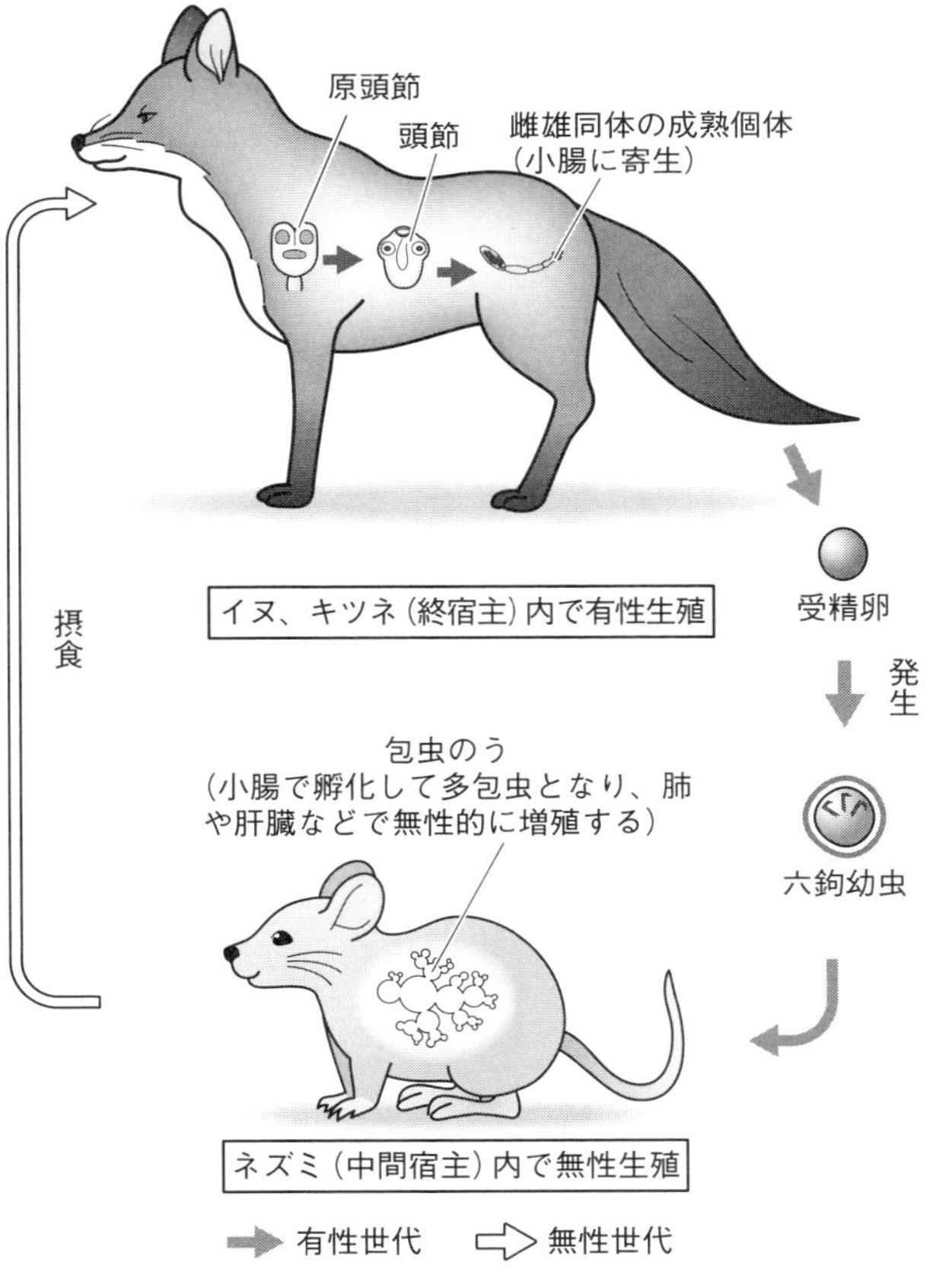

図 4·3　多包条虫エキノコックスの生活環（生殖様式の転換）
終宿主はイヌやキツネなど。終宿主の小腸で性成熟する。終宿主の排泄により体外に排出された受精卵は六鉤幼虫となり、中間宿主の齧歯類（ネズミ）に侵入して小腸で孵化し多包虫となる。多包虫は肝臓などの臓器で包虫のうを形成して無性的に原頭節をつくる。ヒトも中間宿主になりえて、致命的な健康被害を生じる。終宿主が中間宿主を摂食し、原頭節は頭節を経て終宿主内で性成熟の過程に入る。

2 実験的有性化の歴史

淡水棲ウズムシが生殖様式を転換することは100年以上前に報告されています [4-1]。ウィンタートン・カーチスは1902年にプラナリア・マクラータ（*Planaria maculata*）の生活史の研究を始めて、無性生殖のみ、有性生殖のみ、そして季節的に生殖様式を転換する三つの系統が、異なる産地にそれぞれ生息していることを発見し、その後20数年間の長期にわたって、これらの系統の生殖方法に変化がないことを確認しました。ナミウズムシやリュウキュウナミウズムシでも、無性状態と有性状態とを季節的に転換します。生殖様式の転換は研究室内でも温度変化によって再現することができますが（図4・4）。温度など環境要因によって引き起こされる生殖様式転換の頻度はそれほど高いわけでもありません。また、生殖様式転換にかかる時間も長く、例えば、無性状態から有性状態に完全に切り替わるまでに、2、3か月から長いときでは半年くらいかかります。これでは研究対象には不向きです。

1941年、ローマン・ケンクはドゥゲシア・ティグリナ（*Dugesia tigrina*）を材料にして、有性個体の頭部側3分の1を、無性個体の尾部側3分の2に「接木」しました [4-2]。その結果、頻度は低かったものの、いくつかの接木個体で無性個体由来の尾部に生殖器官を誘導することに成功したのです。この結果から、有性個体中に、無性個体には欠如している、あるいは少な

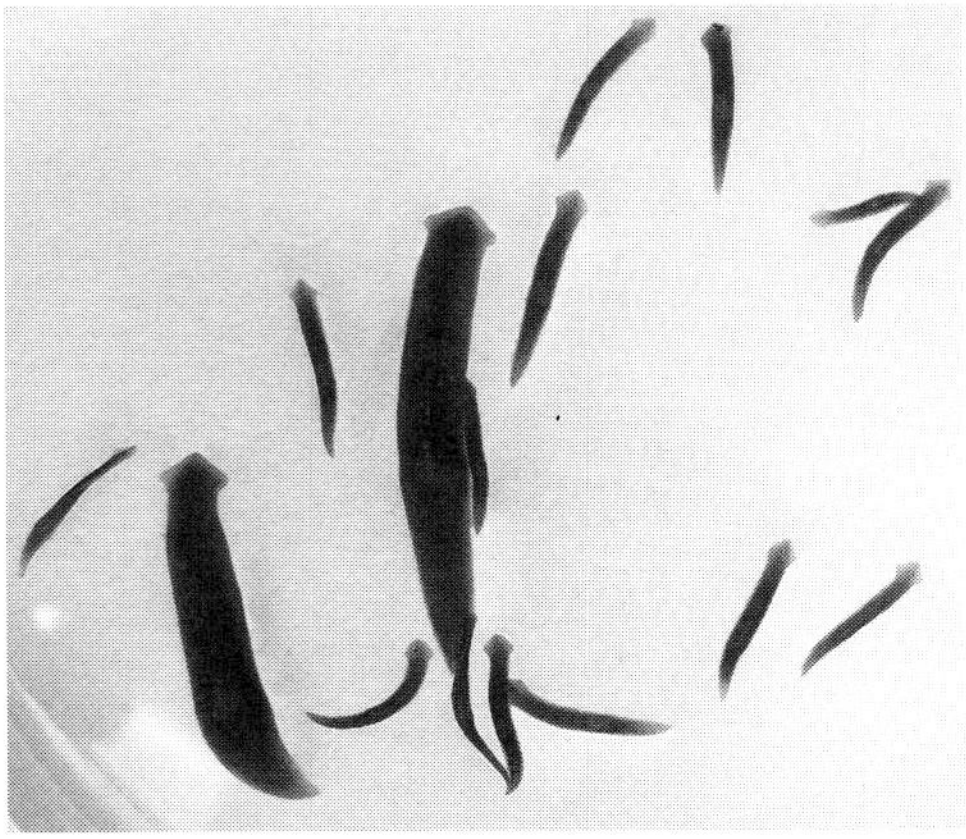

図4·4　研究室内で温度によって生殖様式を転換するナミウズムシのクローン集団
大きい個体が有性個体。小さな個体が無性個体。

い化学物質があって、その作用によって生殖器官が誘導されたことが初めて示唆されました。その後、１９７３年にイタリアのマリオ・グラッソとマリオ・ベナッジは、ドゥゲシア・ドロトセファラ（*Dugesia dorotocephala*）の無性個体に、有性生殖のみ行うドウゲシア・ドロトセファラとは別の科（プラナリア科）に属するポリセリス・ニグラ（*Polycelis nigra*）を餌として与えることによって有性化が誘導されることを示しました[4-3]。この研究によって、無性個体に生殖器官を誘導する、異科間でも有効な有性個体中の化合物「有性化因子」の存在が明らかとなったのです。

3 リュウキュウナミウズムシOH株の有性化系

筆者は、環境要因ではなく化学物質の刺激で有性化を引き起こすことによって、研究室で安定して研究できると期待しました。また、有性化因子が明らかとなれば、無性状態から有性状態への転換の仕組みを解明する手がかりになると考えました。そこで、1970年代から80年代に、国内外で報告のあった有性個体給餌による、無性個体の実験的有性化の追試に取り組みました。

検定個体としては、1章で紹介した研究室で約30年間無性生殖のみで維持されているリュウキュウナミウズムシ1個体に由来するクローン集団、OH株を使うことにしました（図1・6）。OH株にした理由はいくつかあって、一つはクローンであるので実験の再現性を確保しやすいということが挙げられます。クローンによっては研究室で維持しているだけで有性化してしまうものがあって（有性化の頻度が高いわけではない）、このようなクローンは、有性化因子の単離・同定を目指す実験系の構築という点では対照（コントロール）になりにくいのです。この点でOH株は研究室での維持条件下で自然に有性化することはありません。温度変化でも有性化は起こらないので、安定した無性状態にある系統であると考えられます。ですので、有性個体の給餌で有性化が起これば、それはまさに有性化因子の仕業であったといえるわけです。

先行研究では、有性化活性は異種より同種の方が高いという報告もありました（現在、筆者の研究でこの考えは否定されています［未発表］。有性化因子のソースとして理想的な種は当然、同種のリュウキュウナミウズムシの有性個体であると考えましたが、リュウキュウナミウズムシは沖縄県周辺でなければ採集できないので、セカンドベストで、近縁種のナミウズムシの有性個体を、有性化因子のソースの候補としました。しかし、野外に採集に行くとほとんどが無性個体で、たとえ有性個体がいたとしても有性化因子の単離に必要な量を確保できる状況ではありませんでした。そこで、サードベストになりますが、日本に生息する淡水棲ウズムシのなかでは比較的大型で、有性生殖のみを行うイズミオオウズムシ（図1・5F）を有性化因子のソースとしました。

1999年に、給餌条件や環境条件の検討を重ねることで、すべてのOH株個体が約1か月で完全に有性化する実験系の確立に成功しました［4-4］。約1か月というと、随分長いように感じる読者もいるかと思いますが、これまでのどの報告よりも短時間でかつ再現性があるものであることを強調しておきたいと思います。

ウズムシの生殖器官については3章1節で紹介しました（図3・2）。さて、有性化系ができたおかげで、多数のサンプルを使って詳細に生殖器官の発達を調べられるようになりました。有性化過程では、複雑な生殖器官がすべて一気につくられてくるのでしょうか？　答えはノーです。それぞれの生殖器官の誘導は規則正しく起こるのです。筆者はその形態的な変化から、有性化過程を次の五つの段階に分けました（図4・5）。まず、ステージ1では、発達しはじめた一対の卵巣が肉眼で見えるようになりますが、まだ卵原細胞様の細胞の塊で、いわゆる卵巣原基の状態です。ステージ2では、その卵巣内に卵母細胞が発達してきます。ステージ3では、精巣、卵黄腺、そして交接器官の原基が現れ、ステージ4では交接器官が発達して腹側に生殖孔が開きます。そして、ステージ5で、すべての生殖器官が完成して有性個体の体制が整います。

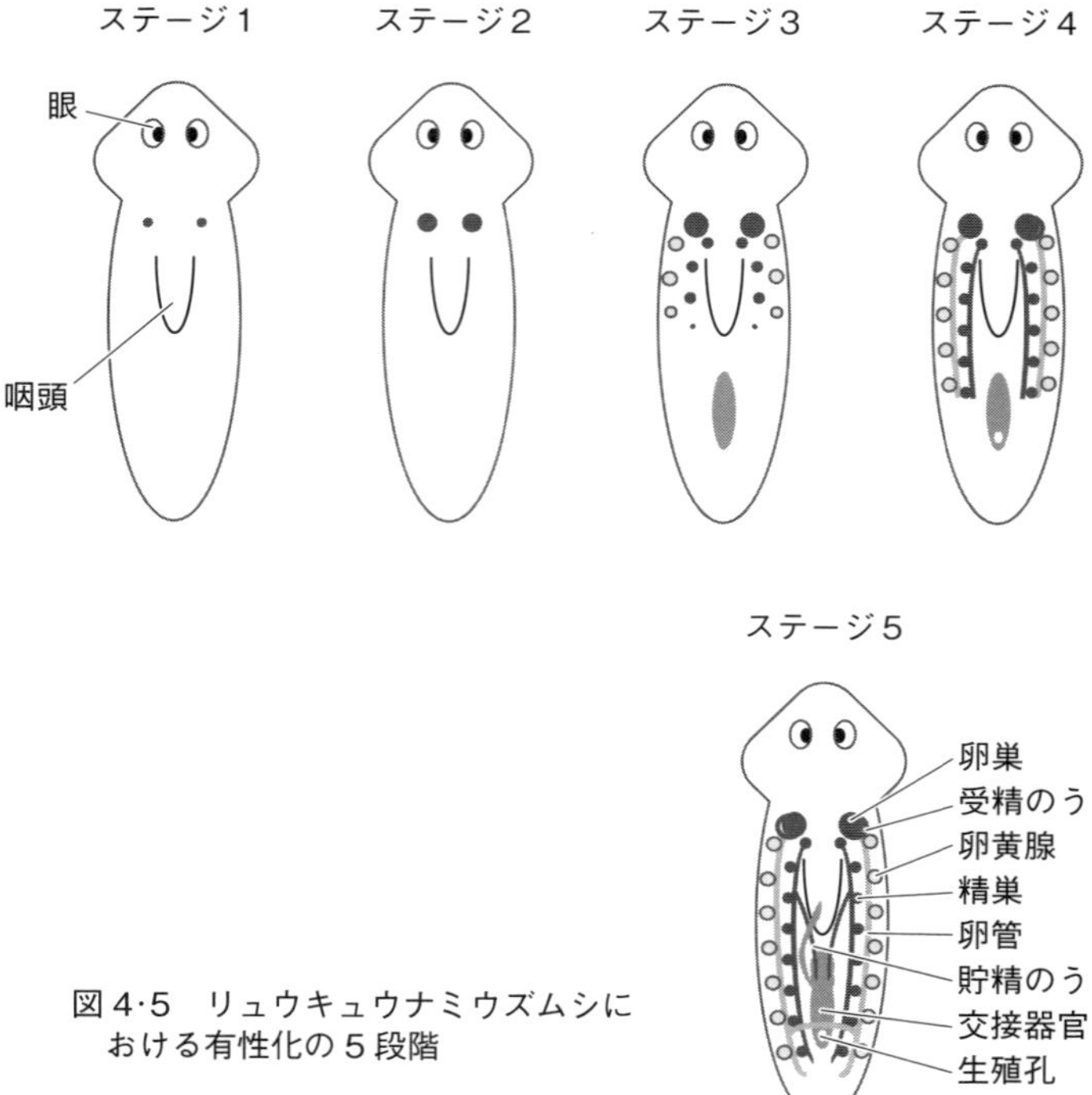

図4·5　リュウキュウナミウズムシにおける有性化の5段階

4 有性化における特異点：有性化回避不能点について

扁形動物は、原始的な後生動物で血管系がないので、有性個体に含まれている有性化因子の刺激は給餌でしか与えられません。前節で給餌条件や環境条件の検討をして、有性化にかかる時間をこれまでの報告より短縮したと述べましたが、一番気を使ったのが、なるべく毎日OH株個体に、飼育水中にロスすることなく、イズミオオウズムシのミンチ（すり潰した肉片）を給餌できる条件でした。要はいかに有性化刺激を与え続けるかということです。毎日の給餌を約1か月続けて有性化個体となるわけですが、当初、この給餌をやめてしまうとどうなるかという疑問が生じました。無性状態に戻ってしまうのでしょうか？　結果は、イズミオオウズムシの給餌を止めて、普段ウズムシを飼育するために与えているニワトリのレバーで維持しても、無性状態には戻らず有性状態のままでした。次は、なぜ有性状態のままでいられるかという疑問が生じました。そこで、有性化個体のミンチをOH株個体に与えてみたところ、OH株個体はイズミオオウズムシの給餌の時と同じように有性化したわけです。これらの一連の結果によって、OH株個体は有性化過程のどこかで自前の有性化因子をつくりだせるようになり、それを使って有性状態を維持しているのではないかという仮説が導きだされました。

筆者らは、5段階の有性化過程のどの段階から、イズミオオウズムシの給餌を止めても有性状

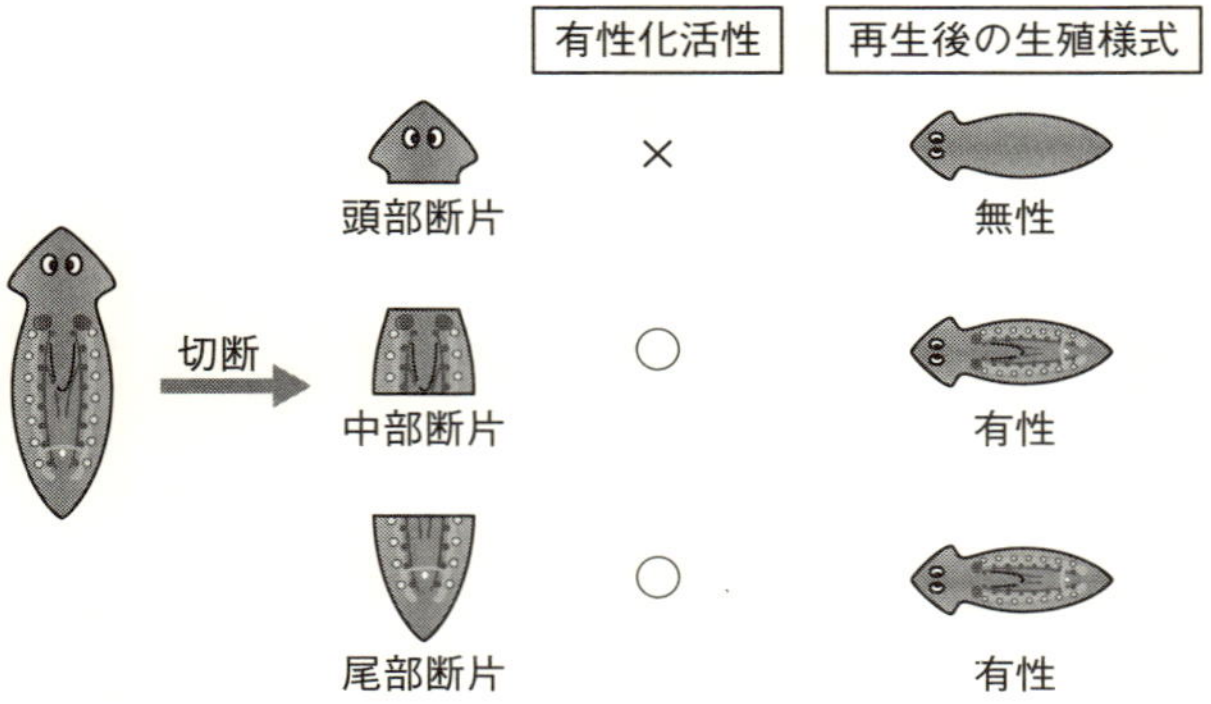

図 4·6　有性化因子が含まれている器官を推定する実験の模式図
有性化個体を 3 断片にした場合、それぞれの断片に由来する有性化活性と再生体の生殖様式の結果に相関関係があることがわかる。

態の維持ができるかを調べて、その点がステージ2と3の間にあることをつきとめました。いったん、この点を超えると、有性化の進行に有性個体の給餌を必要としなくなるので、この点を有性化回避不能点（point-of-no-return）と名づけました。有性化因子は、ステージ3以降に産生されると考えられます。ステージ3以降に発達してくる生殖器官は精巣、卵黄腺そして交接器官です（図 4・5）。

有性化因子の存在場所を推定するために、有性化個体を三つの断片にして、それぞれの断片から有性化因子粗精製画分を得ました（図 4・6）[4-5]。頭部断片には何も生殖器官がなく、中部断片には卵巣、精巣、卵黄腺、尾部断片には精巣、卵黄腺、交接器官が入っていました。それぞれの断片由来の有性化因子粗精製画分を

OH株個体に給餌したところ､同等の有性化活性が中部断片と尾部断片に認められました。一方、頭部断片の場合、有性化活性は認められませんでした。この結果を踏まえて、有性化個体の3断片を再生させたところ、中部断片と尾部断片は再生して有性状態に、一方、頭部断片は無性状態に再生しました。この実験や有性化回避不能点から､有性状態を維持する断片や有性化段階では、必ず精巣と卵黄腺が存在していることに気がつきました。この結果から、有性化因子を産生（あるいは貯蔵）する器官は精巣か卵黄腺であると予想されました。

最近、筆者は卵巣発達に関与する有性化因子として、アミノ酸の一種のトリプトファンを同定しました [4-6]。アミノ酸がタンパク質の構成要素であることは多くの読者が知っていると思います。20種類あるアミノ酸のうち、グリシン以外のアミノ酸には鏡像異性体（L体とD体）が存在していますが、普通、タンパク質を構成するアミノ酸はL体であることも有名な話だと思います。一方、D体は生物学的な重要性はないと信じられていましたが、最近、重要な働きをしていることが明らかになってきています。今回、同定したトリプトファンは実はD体で、L体よりも強い卵巣誘導活性があることがわかりました。そして、D体トリプトファンは卵黄腺に多く含まれていることがわかりました。これらの発見をきっかけに、筆者らはウズムシが産んだばかりの卵殻に注目しました。産んだばかりの卵殻には新鮮な卵黄腺細胞が大量に含まれているからです（図3･5C）。果たして、産んだばかりの卵殻をOH株個体に給餌したところ、完全に有性化を引き起こすことができました。これによって、少なくとも卵黄腺に有性化因子が含まれていることはほぼ確かめられたことになります。まだ未発表の段階ですが、筆者らは、産んだばかりの卵殻に大量に含まれている化学物質の中から完全有性化を引き起こすものを見つけることができています。D体トリプトファンも含めて、これらの有性化因子の発見により、今後、有性化機構の解明が一段と進むことになるでしょう。

5 有性化における特異点：無性生殖の停止点について

さて、それでは栄養生殖型の無性生殖、すなわち横分裂は有性化過程のどこで停止するのでしょうか？ 無性個体であってもいつでも横分裂するわけではありませんので、ある個体が横分裂する能力をもっているかどうかを評価することは困難です。そこで、筆者が注目したのが、3章4節で紹介した断頭によって横分裂を誘導できる現象でした[4-7]。有性化のそれぞれのステージにある個体を断頭したところ、ステージ4までの個体由来の尾部再生体は横分裂しましたが、ステージ5の個体由来の尾部再生体は横分裂が起こりませんでした。この結果から、無性生殖（横分裂）の停止点はステージ4と5の間にあることがわかりました。

有性化回避不能点はステージ2と3の間にありますから、少なくとも無性生殖（横分裂）の停止が原因で、自立的有性状態の獲得が引き起こされたわけではないことがわかります。逆に、内因性の有性化因子が間接的に、無性生殖（横分裂）の停止に関与している可能性が考えられます。

つまり、リュウキュウナミウズムシでは有性化因子は有性状態の維持に働くだけでなく、無性生殖（横分裂）の停止にも関与しており、生殖様式転換機構に重要な因子であることが推測されます。

6　三倍体である有性化個体の生殖方法は単為生殖型か？

3章で、ナミウズムシやリュウキュウナミウズムシでは、自然界に三倍体無性個体が存在していることを話しましたが、実は三倍体個体でも、性成熟している個体の存在も報告されています[3-9]。シュミッティア・ポリクロアのように、淡水棲ウズムシの三倍体個体は、精子依存性単為生殖を行う単為生殖型の無性個体であるという通念がありますから、当然、リュウキュウナミウズムシでも性成熟している三倍体個体であれば、単為生殖型の無性個体と認識されていました。

もしOH株が三倍体系統ならば、有性化したとしても栄養生殖型の無性生殖から単為生殖型の無性生殖に転換しただけで、進化生態学的には「三倍体の障壁」から逃れられていません。もちろん、シュミッティア・ポリクロアの単為生殖型の無性個体のように「不定期に生じる性」が存在する可能性はありますが、わざわざ栄養生殖型の無性生殖から転換してきたわりに低頻度にしか起こらないことになります。

果たしてOH株は三倍体系統でした（図4・7）。しかし、筆者は有性化したOH株個体同士の交配で、二倍体と三倍体の子供が1対2の割合で出現することに気がつきました[4-8]。

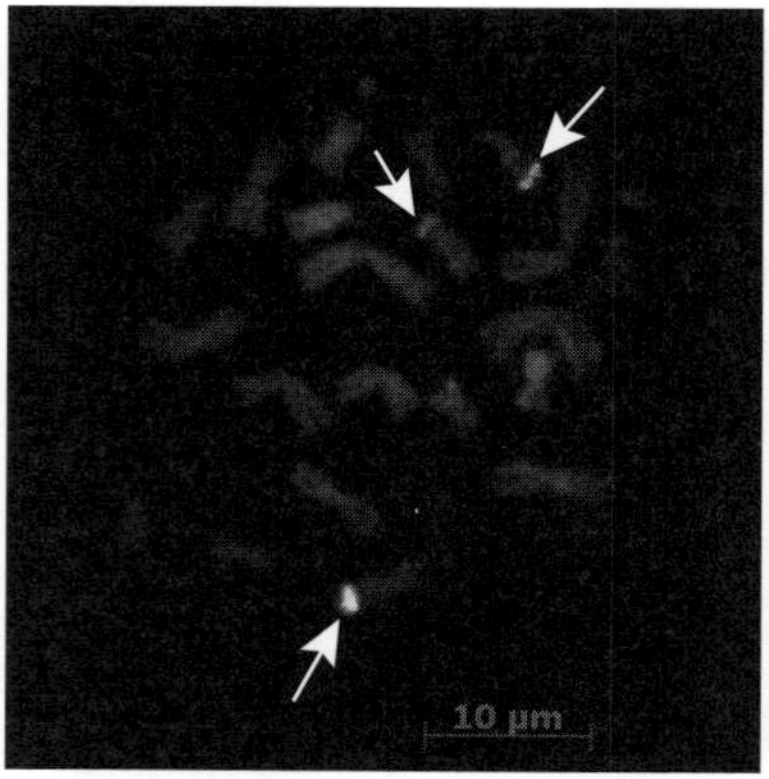

図4·7　OH株は三倍体系統
リュウキュウナミウズムシOH株個体の染色体において18SリボソームDNAをFISH法で検出した（矢印）。OH株個体は三倍体であるので、18SリボソームDNAのシグナルが三つ確認できる。

三倍体の子孫だけであればともかく、二倍体の子孫の出現は単為生殖では説明がつかず、変則的な減数分裂の結果、有性生殖が起こっていることが示唆されました。この仮説は慶應義塾大学の松本　緑博士らのグループによって証明されました。雄性生殖細胞系列では、三倍体のネオブラストから雄性生殖細胞が生じる時に、1ゲノムセットが排除されて二倍体となり、減数分裂後に一倍体の精子をつくります。雌性生殖細胞系列では、当初、三倍体のネオブラストから1ゲノムセットが排除された後に、オートミクシス（第一減数分裂後の核相回復、6章2節で詳しく説明）が起こり二倍体の卵子をつくるか、あるいは正常な減数分裂が起こり一倍体の卵子をつくると予想されていましたが、三倍体のまま変則的な減数分裂の結果、二倍体と一倍体の卵子をつくることがわかりました（図4・8）[4-9]。結果的に有性化個体同士の交配では、有性的に二倍体と三倍体の子が生じていたわけです。

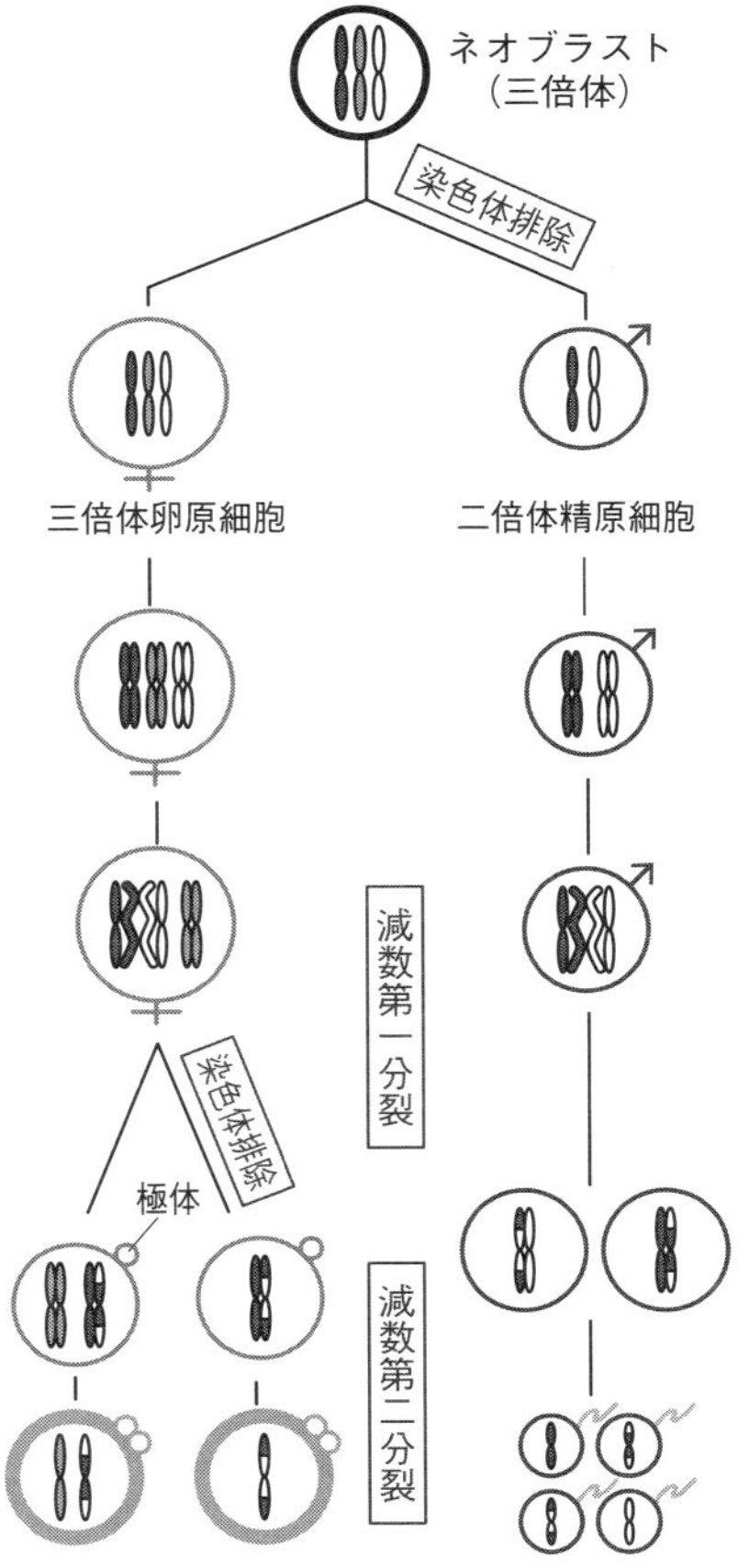

図4·8　三倍体である有性化したOH株個体の有性生殖
有性化個体は染色体排除や変則的な減数分裂を行うことで、一倍体の精子と一倍体あるいは二倍体の卵子をつくる。その結果、有性化個体同士の交配では二倍体と三倍体の子供が生まれる。

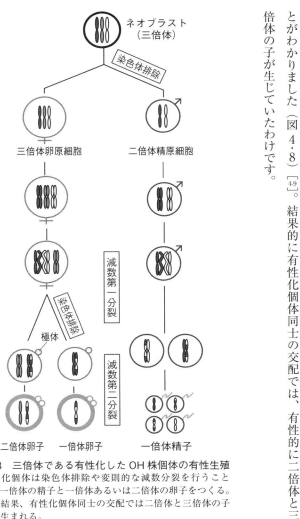

7 リュウキュウナミウズムシ有性個体は生殖戦略的に2タイプに分けられる

この章の冒頭でも述べましたが、生殖様式を転換できるウズムシでは、無性生殖のみ、有性生殖のみ、そして季節的に両方を行う三つの系統が存在することが100年ほど前から報告されていました[4-1]。しかし、ケンクは有性生殖のみを行う系統が横分裂能をもたないことを証明することが難しいとの認識で、有性生殖のみと季節的に生殖様式を転換する系統の有性個体と合わせて、有性系統と定義しました[4-10]。その結果、プラナリアの無性系統と有性系統という専門用語は、双方の系統とも横分裂能を有していて、生殖器官を分化しうるかどうかの違いがあるという意味で使われてきました。

この章で紹介したOH株のような無性系統の実験的有性化は、まさに無性系統の潜在的な有性化能を明らかにしたものであり、古典的な系統の定義付けに従えば、無性系統は存在しないばかりか、系統付けそのものが意味のないことになってしまいます。先人の観察による系統の定義付けはある意味で正しいのでしょうが、機能的な生殖器官を有していれば有性個体、しかし、その横分裂能を否定できない、一方で生殖器官をもたず無性生殖を行っていれば無性個体、しかし、その有性化能を否定できない、という状態は、生殖様式転換機構に内包されている無性生殖（横分裂）の仕組みや、有性化の仕組みを解明していくうえで混乱を生じさせると筆者は感じています。そして、それは、古典的な系統の定義付けが観察だけに依存していたことに問題があったといえます。

そのような時に、筆者は有性化ＯＨ株個体同士の交配によって、1対2の割合で有性個体と無性個体が生じることに気がつきました。筆者は、有性化因子の投与なしに生殖器官を発達させ、横分裂を一度も経験せずに有性生殖を始めるこの有性個体を、生まれながらの有性個体（innate sexual）、無性個体から有性化した個体を有性化個体（acquired sexual）と名づけて区別しました（図4·9）。外見上で区別することは難しく、生まれながらの有性個体が本来、無性個体と

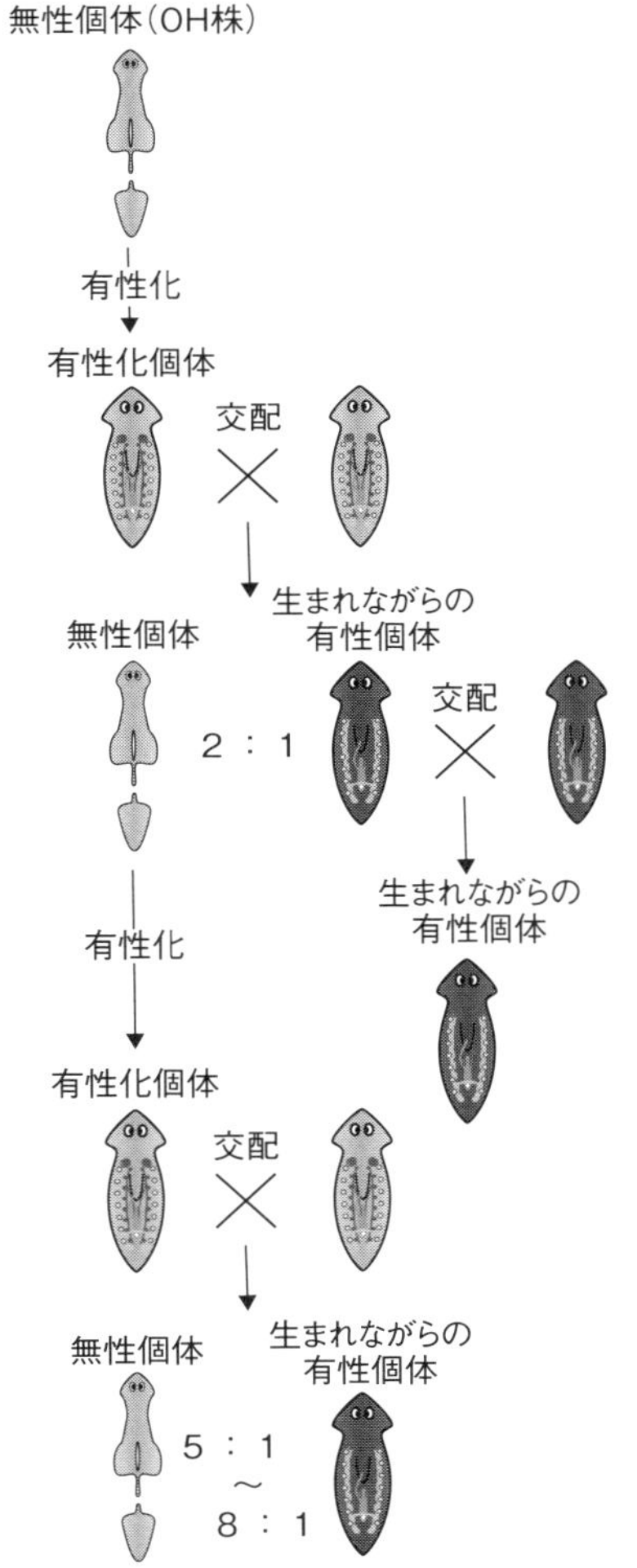

図4·9　有性化OH株個体の自家交配に由来する子孫の生殖様式（文献4-13を改変）

して生まれたものが何らかの原因で有性化した個体である可能性は当初否定できませんでした。ちょうど、同時進行で前節の子供の核型の研究結果も得ていましたから、二倍体と三倍体の子供がそれぞれ生まれながらの有性個体と無性個体であればと期待しましたが、倍数性で生殖様式が決まっているわけではありませんでした [4-11]。

そこで、次に行ったのが図 4・6 で示した実験でした。有性化個体では十分な有性化活性がなかった頭部断片は、再生して無性化してしまいました。それでは、生まれながらの有性個体ではどうなるのでしょうか？　まず、生まれながらの有性個体の頭部領域にも、有性化個体と同様に十分な有性化活性は認められませんでした [4-12]。ところが、生まれながらの有性個体の頭部再生個体は、どうしても無性個体にはならないのです（図 4・10）[4-13]。この結果は、無性状態に戻ってしまう有性化個体の頭部再生個体とは明らかに異なる特徴です。有性化因子が生殖器官の分化誘導に関与していることを考えると、生まれながらの有性個体では、有性化因子をいつでも問題なくつくれるようになっていると考えられます。すなわち、生まれながらの有性個体は無性状態にならない有性個体であり、この実験によって生殖様式を転換するウズムシには少なくとも二つの有性タイプがあることが示されました。

実験的に明らかとなった、有性化個体と生まれながらの有性個体の有性2タイプの生物学的意義を考えるうえで、いくつかの重要な結果を得ました。繰り返しになりますが、有性化ＯＨ株

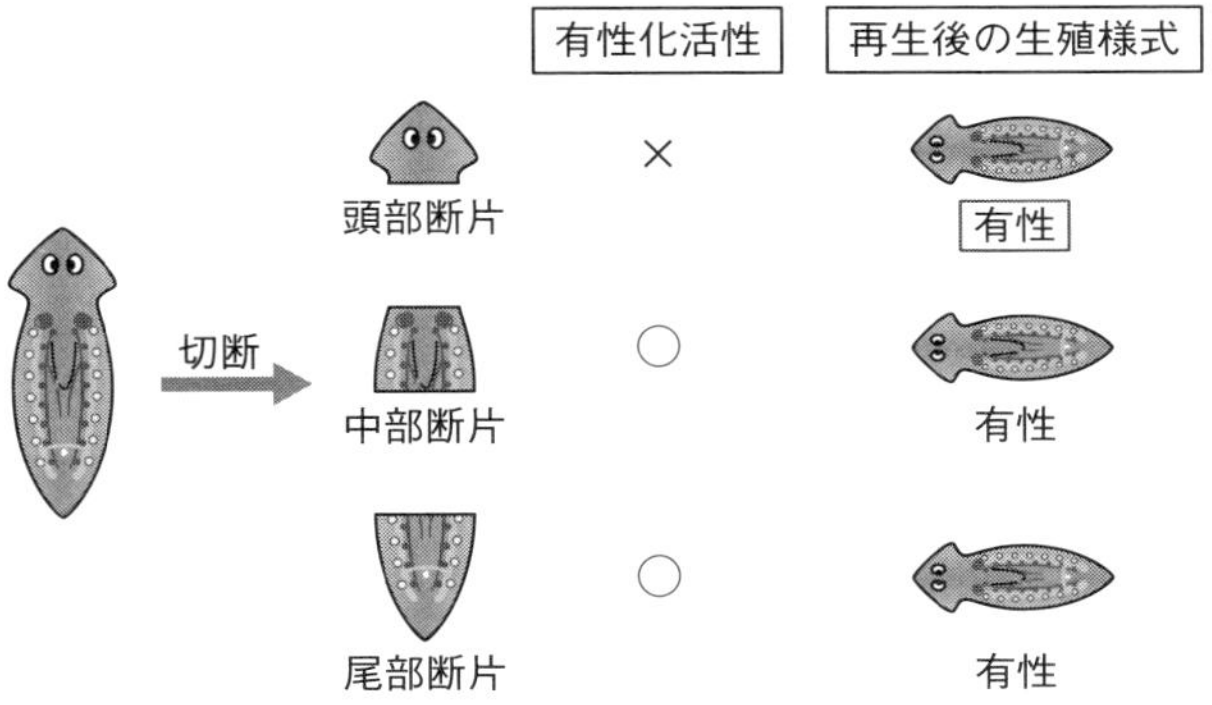

図4·10　生まれながらの有性個体の頭部断片は無性化しない
有性化個体では有性化活性がない頭部断片は無性化してしまう（図4·6を参照）。しかし、生まれながらの有性個体の頭部断片は有性化活性がないにもかかわらず、再生して無性化することはない。

個体の交配では、生まれながらの有性個体（F_1／生まれながらの有性個体）と無性個体（F_1／無性個体）が1対2の割合で生じます。F_1／無性個体も、有性化因子の外部投与によって実験的に有性化します（F_1／有性化個体）。さて、それでは、これらF_1世代の交配によって生じるF_2世代の生殖様式はどうなるでしょうか？ F_1／生まれながらの有性個体同士の交配では、生まれながらの有性個体のみが生じましたが、F_1／有性化個体同士の交配では、生まれながらの有性個体の出現頻度がF_1世代に比べて極端に減ることがわかりました（図4・9、表4・1）[4-13]。一方で、無性個体の子孫を産みやすいF_1／有性化個体ですが、F_1／生まれながらの有性個体に比べて圧倒的に多産であることもわかりました（図4・11）[4-13]。

　無性状態に転換可能で、多産である有性化個体

表4·1　2タイプの有性個体に由来する子孫の生殖様式

親＼子	F_2/ 生まれながらの有性個体	F_2/ 無性個体
F_1/ 有性化個体 同士	4	32
F_1/ 生まれながらの有性個体 同士	27	0

（文献4-13より改変）

は、生まれながらの有性個体に比べて圧倒的に適応性が高いと考えられます。そうなると、生まれながらの有性個体の存在意義はどうなるのでしょうか？　繰り返しますが、無性生殖でのみ繁殖する動物は有害遺伝子の排除ができないことから絶滅に至ると考えられています。筆者は、有性化因子の投与でも有性化できない無性個体由来のクローン集団をいくつか維持しています。彼らの運命は遠い将来に果たして絶滅となるのでしょうか？

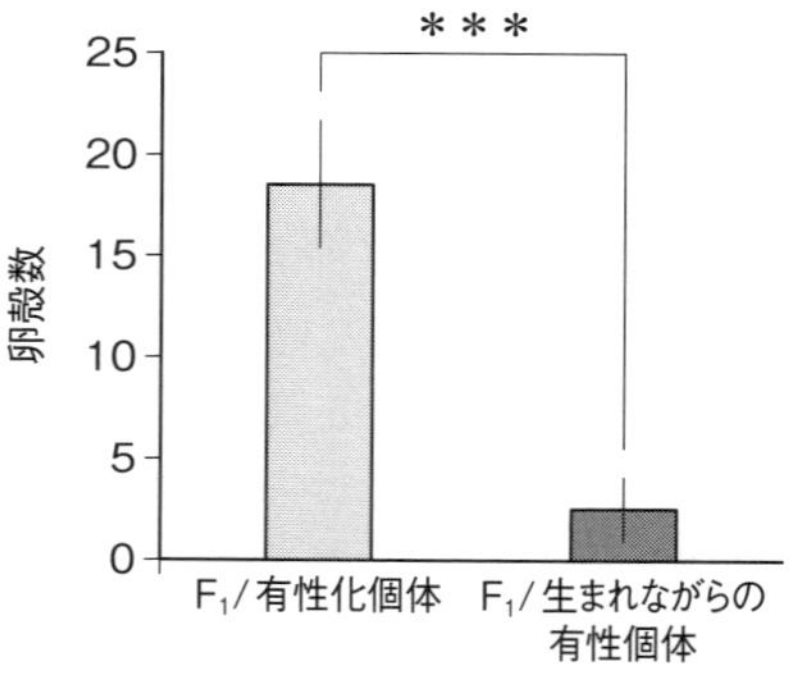

図4·11　有性化個体と生まれながらの有性個体の産卵数の違い
8匹の個体が一定期間に産卵した卵殻数。確率はStudentのt検定で算出した。有性化個体と生まれながらの有性個体の産卵数は有意に違いがあることがわかった。（文献4-13を改変）

短期的に見ると、生まれながらの有性個体に比べて適応力が高い有性化個体も、彼らだけで繁殖が長く続くと無性個体ばかりになって都合が悪いことがあるのかもしれません。筆者は、有性化個体の集団中に無性化しない生まれながらの有性個体が存在することで、ウズムシが無性生殖のみの繁殖に偏り、絶滅の運命を辿《たど》らないように「性の保証」として働いているのではないかと考えています。

8　プラナリアのテロメアの話

さて、2章2節で、老化の指標となる染色体の末端構造テロメア（DNA末端のテロメア配列）の短小化が引き起こす「複製末端問題」を説明しました。そして、生殖細胞ではテロメラーゼとよばれる酵素が働いてDNAの長さが保たれているおかげで、生まれてくる子供のDNA長はきちんとリセットされているわけです。それでは、ウズムシのテロメア長はどうなっているでしょうか？　特に栄養生殖型の無性個体ではネオブラストからのターンオーバーで維持されているので、ある意味で生物学的には不死といえます（進化的に見た、無性生殖生物の絶滅に向かう運命論は別にしてですが）。無性個体は生きている限り生殖細胞はつくりませんが、ネオブラストが半永久的に増殖し続けているわけです。一体、テロメア長はどうなっているのでしょうか？

地中海付近に生息するシュミッティア・メディテラニアは、基本的に有性生殖のみで繁殖している種ですが、染色体の変異が原因で生殖器官をつくれず、無性生殖のみで繁殖している系統が存在しています（図1・7）。オックスフォード大学のアジーズ・アブーベーカーらのグループは、シュミッティア・メディテラニアの有性系統と無性系統のテロメア長とテロメラーゼ活性を調べて大変興味深い報告をしました［4-14］。有性系統では、人為的に切断して再生を促すことで細胞分裂を盛んに起こさせると、テロメア長が短くなるのに対して、なんと無性系統ではテロメラーゼがネオブラストでよく働いているおかげで、テロメア長が短くならないようになっていることがわかったのです。

それでは、無性生殖と有性生殖を転換できる有性個体（有性化個体）と無性化できない有性個体（生まれながらの有性個体）の存在が明らかとなったリュウキュウナミウズムシではどうなっているのでしょうか？　この問題は慶應義塾大学の松本 緑博士らのグループによって解決されています［4-15］。有性化個体と生まれながらの有性個体に対して切断・再生を繰り返すことで細胞分裂を活発に起こしたところ、有性化個体のテロメア長は維持されるものの、生まれながらの有性個体のテロメア長は短小化したのです。すなわち、有性化個体は生殖器官をもち有性生殖するようになっても無性個体の特徴はもち続けていたと考えられ、この有性2タイプが生死に関わる分子機構でも違いがあることが示唆されています。

5章　ヒラムシ、マクロストマムの生殖行動

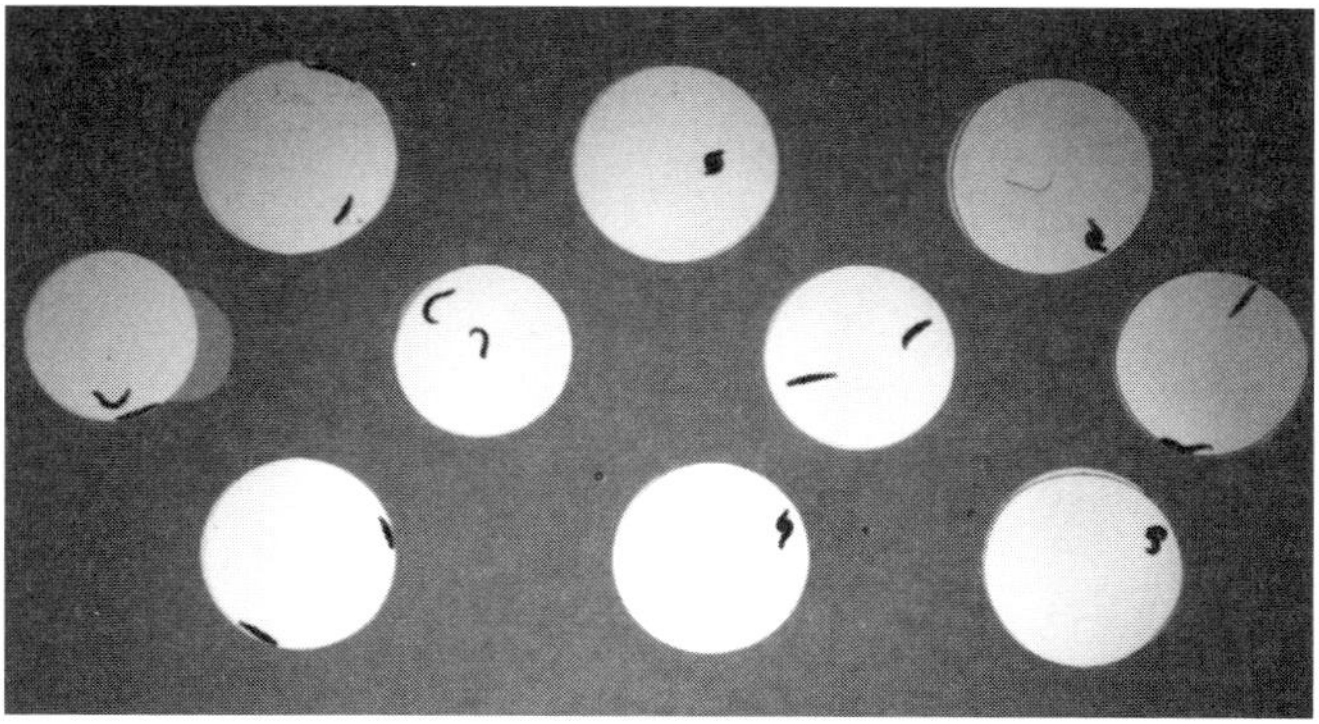

マクロストマムの行動実験風景。同時に多数のペアの交尾を覗き見ることが可能。

1　武器はアレです―ヒラムシのペニスフェンシング―

　皆さんはヒラムシを見たことがあるでしょうか。海の中をひらひらと泳ぐ、プラナリアの仲間です。分類学上は多岐《たき》腸目《ちょうもく》に属しています。非常にあざやかで色とりどりな種もいれば、ひっそりと岩などの背景にまぎれてしまうような目立たない種もいます。ウミウシに少し似ているので、ファンの方も多いかもしれませんが、もちろん分類学上はまったく別の生きものです。ウミウシよりも出会う確率は少ないと思います。ヒラムシは無性生殖をせず、卵を産むことで子孫を残します。他のプラナリア同様、雌雄同体ですが、複合卵（卵殻）は形成しないので、ウズムシで見られるような卵黄腺は存在していません。

　ヒラムシの中にはとても奇抜な生殖行動、ペニスフェンシング[5-1]をするものがいることで有名です。ふつうは図のオオツノヒラムシ（図5・1）のように、受精に必要な精子は交尾をすることで相手に渡すのですが、シュードセロス・バイファーカス（*Pseudoceros bifurcus*）は、相手にペニスを突き刺し、精子を皮下注射するという、ちょっと乱暴な方法をとります。そうすると、精子を受け取る側は、卵子をつくるというコストに加えて、受けた傷を治癒するためにエネルギーを使わなければなりません。一方、精子を与える側は精子をつくって相手に皮下注射するだけなので、痛くもかゆくもありません。じゃあ、ちょっとここで考えてみてください。雌雄

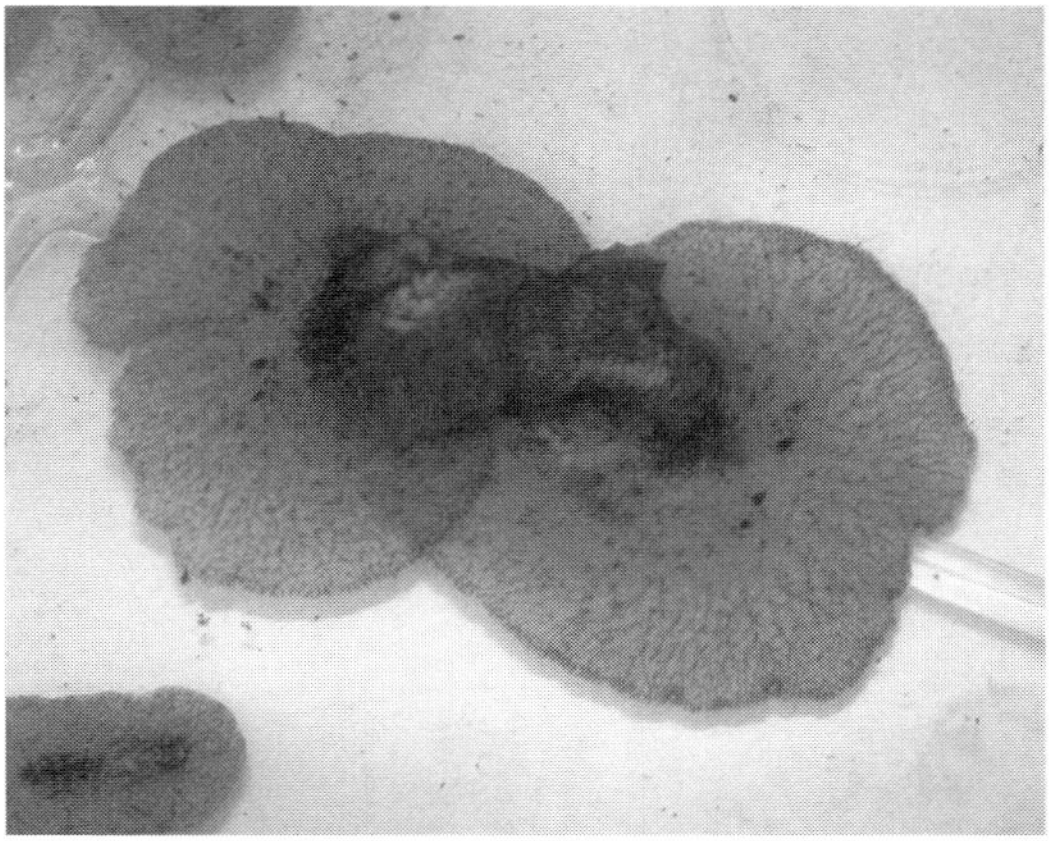

図5·1　交尾中のオオツノヒラムシ
からだをよじって、腹側にある交接器官にお互いペニスを挿入し合うことで精子の交換をする。
（写真提供：石田幸子）

同体の生物はオスとしてもメスとしても子孫を残せます。どちらの役割の方が得でしょうか？　もちろん、精子を相手に注射するオスとしての役割の方が圧倒的に少ないコストですみますよね。つまり、傷を受けて痛い思いをしながらメスとして子孫を残すよりも、相手にペニスをブスッと刺してオスとして子孫を残した方がお得そうです。

そんなわけで、このヒラムシは繁殖に適した相手と出会うと、オスとしての役割の方を好んで果たそうとするようです（彼らが頭で考えて選んでいるのかどうかはわかりませんが）。でもお互い雌雄同体ですから、当然、相手も刺されるよりは刺したいですよね。そうすると何が起こるか。広い海で2匹が出会うとまず互いに睨み合い、じりじりと間合いを詰めつつ、何とかしてオスとしての座を奪おうと図のようにペニスを武器に戦いを始めるのです（図5・2）。

ひらひらと海の中を泳ぎながらの勝負ですから、渾身のひと突きを見舞おうにも、相手もかわすのが上手です。フェイントなんかもかけたりします。この様にメスとしての役割を避けつつ、オスとしての繁殖チャンスは生かそうと、お互いが攻防を繰り広げる様子がちょうどフェンシングのように見えることから、研究者はこの行動を「ペニスフェンシング」と名づけました。

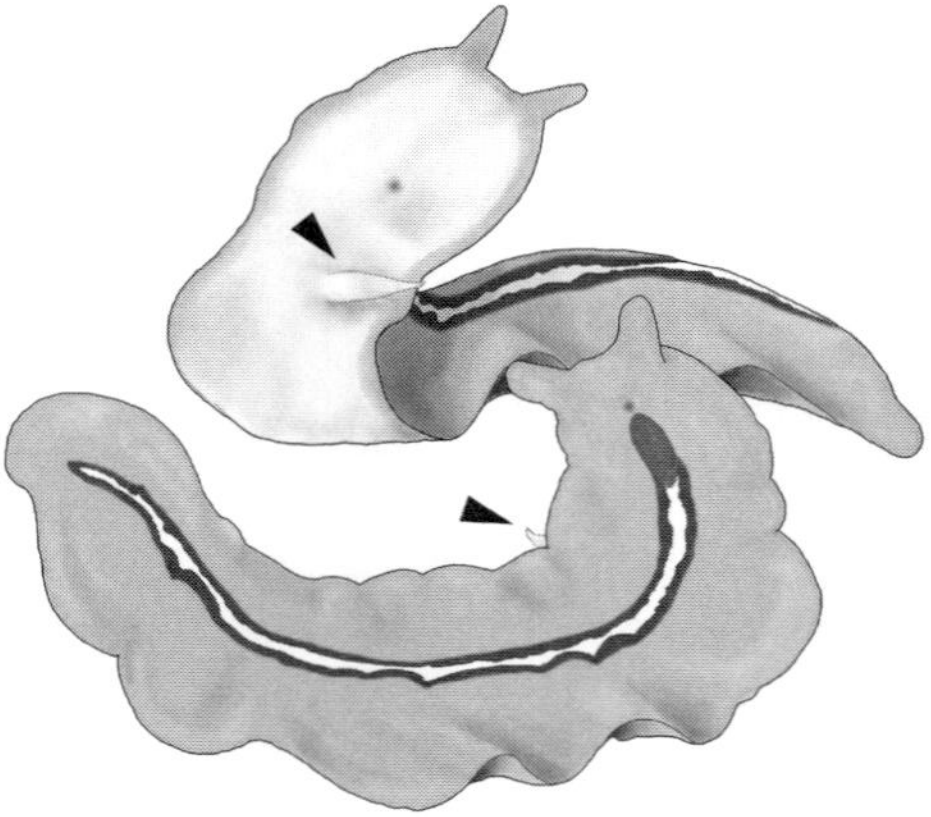

図 5·2　ヒラムシの一種シュードセロス・バイファーカスの生殖行動
ペニス（矢尻）を相手の皮下に突き刺すことで精子を渡す方法をとる。突き刺されるのをかわしつつ、なんとか突き刺す方にまわろうと攻防する様子から、ペニスフェンシングとよばれる。
（絵：簗場ひとみ）

2 卵子にする？それとも精子？―マクロストマム・リニアーノの性配分―

マクロストマム・リニアーノ（*M. lignano*）は、雌雄同体の動物の性配分を研究する上でも非常に都合の良い動物です。雌雄同体の動物は多数いますが、精子形成や卵子形成への投資量を把握することは簡単ではありません。しかしマクロストマムは体が透明なので、顕微鏡で観察すれば精巣や卵巣を観察することができます。扁形動物という名の通り平べったく、体も柔らかいので、スライドガラスとカバーガラスの間に軽く押しつぶすようにはさんでおけば、簡単に体の大きさや精巣・卵巣の大きさを測定することができます。スライドガラスとカバーガラスの間の距離をスペーサーなどで一定にしておけば、体積もそこから算出できます。オス、メス、それぞれの配偶子形成の場である精巣や卵巣が大きければ大きいほど、その性への投資量が多いと推定できるというわけです（もちろん生殖器や分泌腺など、配偶子形成以外にも投資しているとは思いますが）。

2章でも紹介したように、性配分理論から予測できることの一つは、精子競争が激しくなるほど精子形成に投資する割合が増えるということでした。実際、マクロストマム・リニアーノを2匹という低密度（精子競争が起こらない）で飼育した場合と、複数で飼育して精子競争を激しくした場合を比較してみると、予測通り精子競争が激しい場合の方が、精巣が大きくなることが観察されています［5-2］。砂の中で、いつどれくらい繁殖相手に出会えるかは予測不可能ですからね。自分の置かれた環境に応じて、ダイナミックに配偶子の形成を制御する方法が適しているのでしょう。このように生物の形質がまわりの環境の影響を受けて変わることを、生物学では「表現型可塑性」といいます。

繁殖相手の数以外にもう一つ、自然界で変動しやすいのが餌の状況です。性配分理論では、雌雄同体の生物の場合、オスあるいはメス（あるいはその両方）の利得曲線が頭打ちになるカーブを描いているということでした。つまり、一方の性にエネルギーを投資し続けたところで、その見返りはだんだん少なくなっていくため、もう一方の性にもエネルギーを投資する、というものでしたね。一般的にはオスの利得曲線が頭打ちになることが多いとされていますから、ある程度オスに投資したあとは、残りのエネルギーをどんどんメスに投資するよう切りかえた方が個体としての繁殖成功度は高くなりそうです。そこで実際にマクロストマム・リニアーノで調べたところ、餌の量を多くした個体や、体のサイズが大きい（生殖に使えるエネルギーが多い）個体ほど、そうでない個体に比べ、よりメス側に偏ってエネルギーを配分するということが実験的に示されました［5-3］。つまり得られる餌の量によっても性配分の戦略は変わるのです。

3 それ何の意味があるの？―マクロストマム・リニアーノの奇妙な生殖行動―

マクロストマム・リニアーノは無性生殖をしません。必ず相手を見つけて交尾をし、卵を産むことで子孫を残します。交尾行動を観察してみるとなかなか面白いですよ。まず2匹の個体が出会うと、お互いにちょっと触れ合ったり、お互いの周りをくるくると回ったりします（図5・3A）。その後、お互い合意にいたると交尾が始まります。どうやら彼らにも好き嫌いがあるようで、すぐに交尾が始まりとてもお盛んなペアもいれば、お互いにまったく興味を示さないペアもいます（5章の扉写真を見てみてください）。彼らはどういった基準で相手を選んでいるのでしょうね。交尾中は、お互い同時にペニスを挿入し合い、しっかりと二つ巴になります（図5・3B）。つまり、どちらもオスとメスの役割を同時に行うことになります。

交尾は5、6秒で終わることもあれば、数十秒にわたることもあります。ユニークなのは、交尾が終わった後です。彼らは体をぐっと折り曲げて自分の口を尾部にある生殖孔にあて、まるで受け取った精子を吸い出すような行動（sucking behavior）を示します（図5・3C）。観察していると、一定時間に行われた交尾のうち、全回数の約3分の1のケースで両方の個体が、約3分の1のケースで片方の個体が吸い出し行動を行い（後者のケースの方が若干多いようです）、残りの約3分の1のケースでは両者とも吸い出し行動を行いませんでした[5-4]。

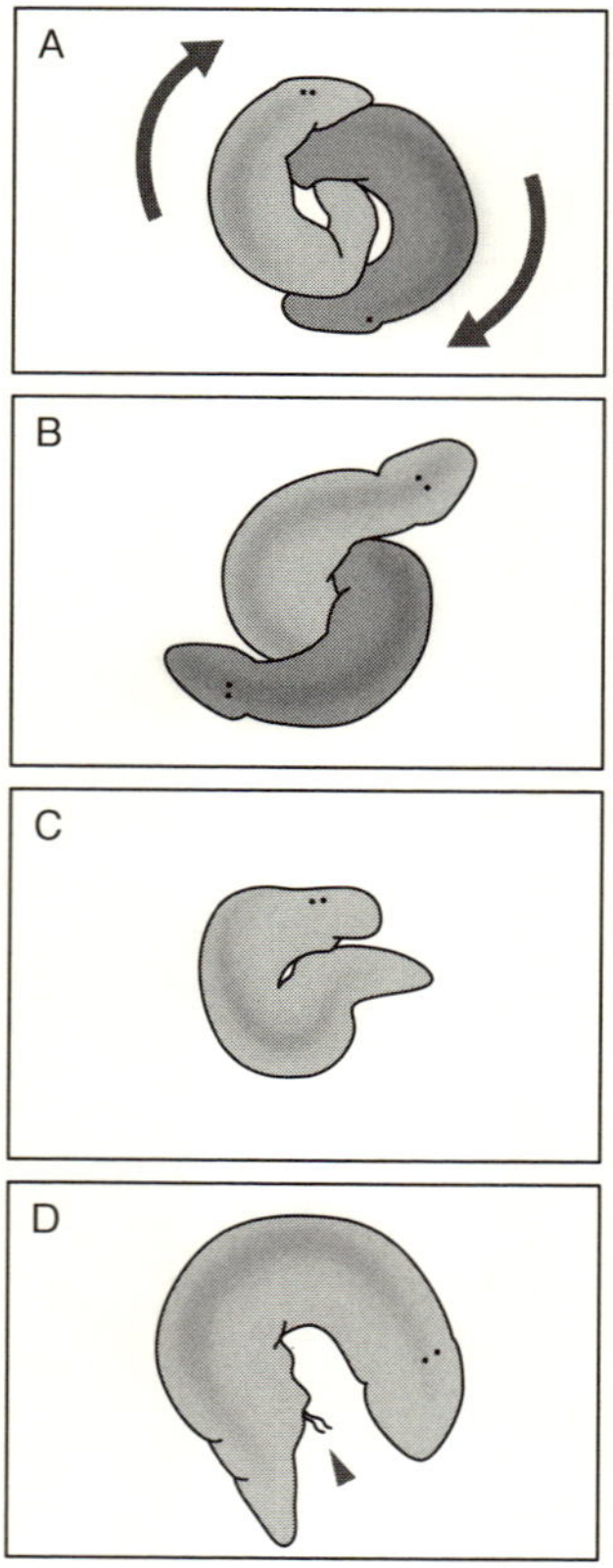

図5·3　マクロストマム・リニアーノの交尾

Aは交尾直前の様子。相手に接近し、お互いにその周りをくるくると回る行動をとる。Bは交尾中のようす。Cは交尾の後によく見られる吸い出し行動。体をΩの字のようにぐいっと折り曲げて口を尾部側にある雌性生殖孔にあて、受け取った精子を吸い出すかのような行動をとる。Dは吸い出し行動のあと、生殖孔から精子の一部がはみ出ている様子（矢尻）。（文献5-4をもとに改変して作成）

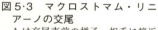

さてここで「吸い出し行動」とよんでいますが、本当に吸い出しているのか、実は何かを吹き込んでいるのではないか、と疑問に思う人もいるかもしれません。でも注意深く見ていると、運が良いときにはこの行動の後に、精子の一部が生殖孔から出ているのを観察することができます（図5・3D）。え、それじゃあ精子は取り除かれてしまうのでは、と思いますよね。いいえ、大丈夫。マクロストマム・リニアーノの精子は2本のアンカーのような突起物をもっているので（図5・4A）、吸い出されても相手の生殖腔のなかにひっかかっていられるのです（図5・4D）。実際、吸い出し行動をとった後の彼らの腸内を観察しても（体が透明だから見えるのです！）、精子らしきものは見当たりませんでした。

それではなぜマクロストマム・リニアーノはこのような吸い出し行動をとるのでしょうか？それについてはまだはっきりとした理由はわかっていません。もしかしたら最初は精子を取り除くために始まった行動の名残なのかもしれません。というのは、自分の卵子を受精させるだけなら、それほどたくさんの精子は必要ありません。そこで最低限の数だけ確保できれば、あとはもらった精子を消化して栄養源にしてしまった方が、都合が良さそうです。実際、受け取った精子をメスが消化してしまう生きものも存在していて、カタツムリ類やミミズ類には受け取った精子を消化できる器官があることが知られています［5-6］。しかし、せっかくつくった精子を消化されてはたまったものではありません。そこでマクロストマムの場合は、吸い出し行動に対抗して、

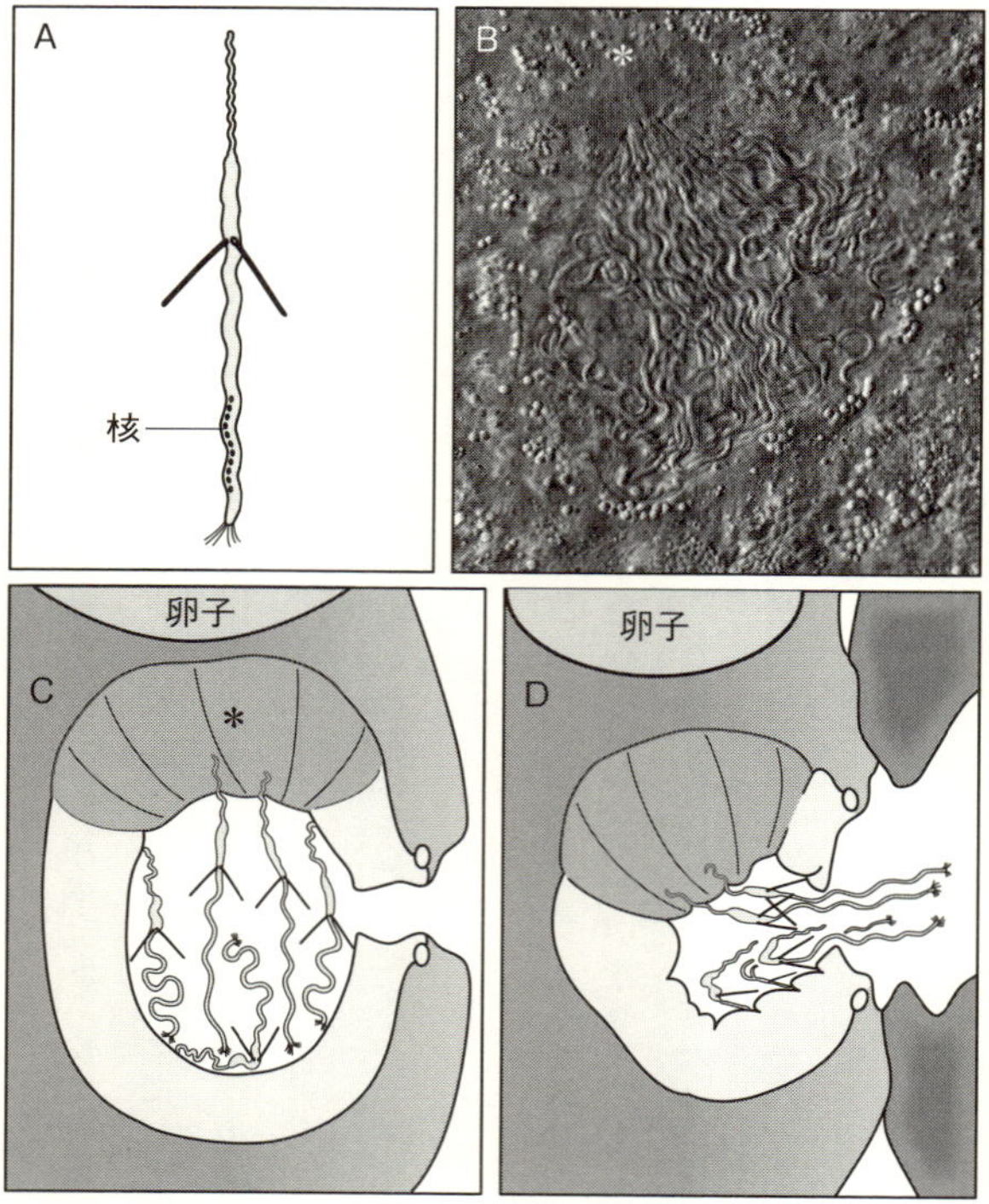

図 5·4　マクロストマム・リニアーノの交尾後の精子の様子

A はマクロストマムの精子。2 本の突起物がある。核は精子の後方に存在する。B、C は交尾後の精子の様子。精子の先端を雌性生殖腔の内壁の一部（＊部分）に突き刺すようにして受精の瞬間を待っている。卵管はとくに存在しない。おそらく＊部分が細胞性のバルブのような役割を果たしており、産卵時に癒着していた組織が一時的に開くことで卵子が通りぬけ、どれか一つの精子と受精すると考えられている（文献 5-5）。D のように、精子から伸びる 2 本の突起物が生殖腔内に引っかかり、アンカーのような役割を果たすため、吸い出されても取り除かれずにとどまっていられると考えられている。（図 A, C, D は文献 5-5 をもとに改変して作成）

精子が取り除かれないようにアンカーとなる突起物を進化させたのかもしれません。そうすると結果的に、謎の吸い出し行動だけが残ることになります。

あるいは吸い出し行動は、精液中に含まれる物質を取り除くために一役買っているのかもしれません。というのは、一般的に生物の精液中にはさまざまな物質が含まれていることがわかっています。そのなかには、精液を受け取る側に作用して、生まれてくる卵のサイズを大きくしたり、その後の交尾のモチベーションを下げたりすることが知られています。自分の精子を受精した卵が、大きく栄養豊富であれば子孫の胚発生や生存に有利になりますし、自分以外の者との交尾をやめてくれれば、それだけ受精をめぐる競争に有利ですからね。そういった生理活性のある物質を精液中に用意できる個体は他の個体よりも適応度が高くなりますから、どんどんそういう物質が進化の過程で増えていきます。

しかしそれらの物質が、受け取る側にとって良いものであるとは限りません。大きな卵を用意するにはそれだけ栄養が必要ですので、結果的に生涯で残せる卵の数が少なくなってしまうかもしれません。また、なかにはメスの寿命を短くしてしまうようなものも存在します[5-7]。ですから、そういった物質に対抗できるようなメスが現れれば有利になります。こうしてオスとメスの攻防が軍拡競争を生み、雌雄で対立するような形質が進化するようになります（2章4節を参照）。

マクロストマムは雌雄同体なのでピンと来ないかもしれませんが、精子をつくって受け渡すというオスとしての側面と、卵子をつくって精子を受け取るというメスとしての側面が同一個体内にあるだけで、理屈は同じです。まだマクロストマムの精液中にどういった物質が含まれているかはほとんどわかっていませんが、精液中に含まれる何らかの物質を吸い出し行動が減らし、それが結果的に有利に働いてきたために、マクロストマム・リニアーノは吸い出し行動を行うのかもしれません。

吸い出し行動がなぜあるのか、それを検証するには、その行動を阻害してみて、どういう影響が出るのかを観察する方法がベストです。しかし、マクロストマムはとても小さく、うまく交尾直後の吸い出し行動を邪魔することが難しいため、なかなか研究が進んでいません。何かよいアイディアのある方はぜひ教えてください。

4 ペニスに頭突き!? ―マクロストマム・ヒストリクスの自家受精―

マクロストマム・リニアーノの近縁種に、マクロストマム・ヒストリクス（*M. hystrix*）という、ちょっと変わった生殖方法をとっている種がいます。マクロストマム・リニアーノは先ほどの説明のように、交尾をしてお互いに精子のやり取りを行い、子孫を残します。しかしこのマクロストマム・ヒストリクスは、相手にペニスを突き刺し、相手の体内に直接精子を送り込みます。そのため、図５・５のようにマクロストマム・ヒストリクスのペニスの先は鋭く尖った形状をしており、相手の表皮をつらぬきやすいようになっています。送り込まれた精子は相手の体内で卵子を目指して泳ぎ、受精します。

それではマクロストマム・ヒストリクスは、相手がいない時にはどうするのか？　なんと、自分の体を折り曲げて、頭に自分のペニスを突き刺し、精子を注入する方法をとっているようなのです。この事実は、２０１５年、スティーブ・ラムらによって報告されました[5-8]。彼らはある日、１匹ずつ飼育していたマクロストマム・ヒストリクスの頭部内に精子が泳いでいるのを発見しました。それらの個体はこれまで他の個体と一緒に飼育したことはなかったため、その精子は自分のものということになります。その後、他の個体についても調べたところやはり同じ結果が得られたということで、体を折り曲げ自分のペニスに頭突きして精子を得るという驚きの生殖方法が明らかになりました。余談ですが、その発見が

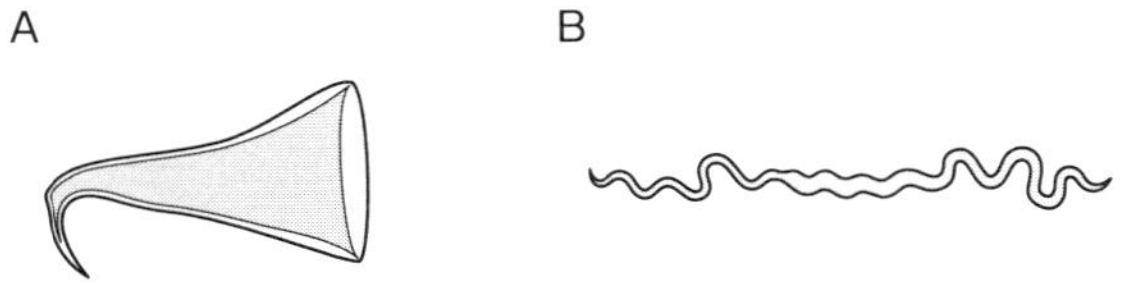

図5·5　マクロストマム・ヒストリクスのペニス（A）と精子（B）のかたち
マクロストマム・ヒストリクスのペニスは相手の体に突き刺さりやすいように尖っている。皮下注射された精子は体内を泳いで卵まで到達しなければならないため、精子は突起物などないシンプルなかたちをしている。（文献5-10をもとに改変して作成）

なされたのは、バーゼル大学で行われた学部生のための実習のときでした。二人一組になった学生がそれぞれ指導者につき、個別のテーマに関して簡単な実験を行うという授業の中で、スティーブ・ラムのテーマについた学生たちが見つけました。最後の成果発表のとき、とてもクレイジーなマクロストマム・ヒストリクスの生殖方法にみんな驚いて、大盛り上がりだったのを覚えています。皆さんも学生実習で気をつけて観察してみると、思いもよらない新しい発見があるかもしれませんよ。

自分の卵子を自分の精子で受精させ子孫を残す方法を、専門用語では自家受精といいます。植物ではよくある現象かもしれません。自家受精は、交配する相手が見つからない時には便利な方法ですが、自家受精が何世代も続くとホモ接合になる遺伝子が多くなりますから、ふだんはもう一方の染色体上の遺伝子でカバーされていた有害な遺伝子の影響が現れる確率が高くなってしまいます。そこで他の個体と交配する機会がある時には、なるべくそちらを優先した方が、有性生殖の利点を生かすことができます。実際、マクロストマム・ヒストリクスも、相手がいる時には頭部で見つかる精子の数は少なくなります。おそらく、頭にペニスを突き刺す自家受精は、交配相手が見つからずこのまま子孫を残せないよりは、自家受精でもいいから子孫を残そうという、生殖戦略なのでしょう。

しかし、マクロストマム・プシルム（*M. pusillum*）という別の種は、また少し違った戦略をとるようです。マクロストマム・プシルムも、マクロストマム・ヒストリクスのように皮下注射式で精子が体内に入ります。マクロストマム・ヒストリクスの場合は、実験的に1匹に隔離されて、しばらくたってからやむを得ず自家受精を選ぶという感じでした。しかしマクロストマム・プシルムの場合は、隔離してからそれほど時間がたたなくても自家受精をしているようなのです。おそらく他個体との繁殖チャンスのあるなしにかかわらず、定期的に自家受精を行っているのではないかと考えられています[5-9]。自家受精というのは自分だけで子孫を残せる方法です。明日食べられて死ぬかもしれない厳しい自然界では、いつ現れるかわからない相手を待つよりも、自家受精でもいいからさっさと子孫を残してしまう方が、置かれている状況によっては良いのかもしれません。でも誰かに出会えば有性生殖ができます。4章でも紹介されていたようなウズムシの生殖戦略、つまり数を効率的に増やせる無性生殖と、遺伝子の多様性を確保する有性生殖の両方の良いところを利用する戦略と同様に、子孫の数と質を確保するためのマクロストマム・プシルムなりの戦略なのかもしれません。

5　マクロストマム近縁種からわかる生殖行動と精子のかたちの進化

先ほど、マクロストマム・リニアーノは交尾後に「吸い出し行動」とよばれる独特の行動を示すことをご紹介しました。面白いことに、この行動は他の近縁種にも見られます。そしてこの交尾後の吸い出し行動が、マクロストマム属の精子の形状の進化に影響を与えたのではないかという論文が、2011年にルーカス・シェーラーらの研究グループによって発表されました[5-10]。

図5・6は、マクロストマム近縁種類の精子とペニスの形状、そして吸い出し行動の有無をまとめたものです。これを見ると、マクロストマム・リニアーノ(図5・6の②)を含め吸い出し行動をする種では、精子にアンカーのような突起物が付いていることがわかります。この構造のおかげで、相手に吸い出し行動をされても取り除かれず、相手の生殖腔の内側に引っかかっていられます。一方で、マクロストマム・ヒストリクス(図5・6の③)のような、精子を直接相手に皮下注射するような近縁種では、もちろん吸い出し行動は見られず、精子の形もシンプルであることがわかります。むしろ邪魔な突起物がなく、相手の体内を泳いで受精を目指すには好都合な形状と言えます。

さてここでポイントとなるのは、マクロストマム・ヒストリクスの進化的な位置です。シンプルなかたちの精子をもつ種は他にもいますが(図5・6、①のグループ)、マクロストマム・ヒストリクスは①の種とは系統学的には遠い関係であり、むしろマクロストマム・リニアーノなどと近いことがわかります。つまり、シンプルな精子は起源が同じだからそのようなかたちをしているわけではなく、精子を皮下注射するという生殖様式が進化してきたことで、吸い出されるこ

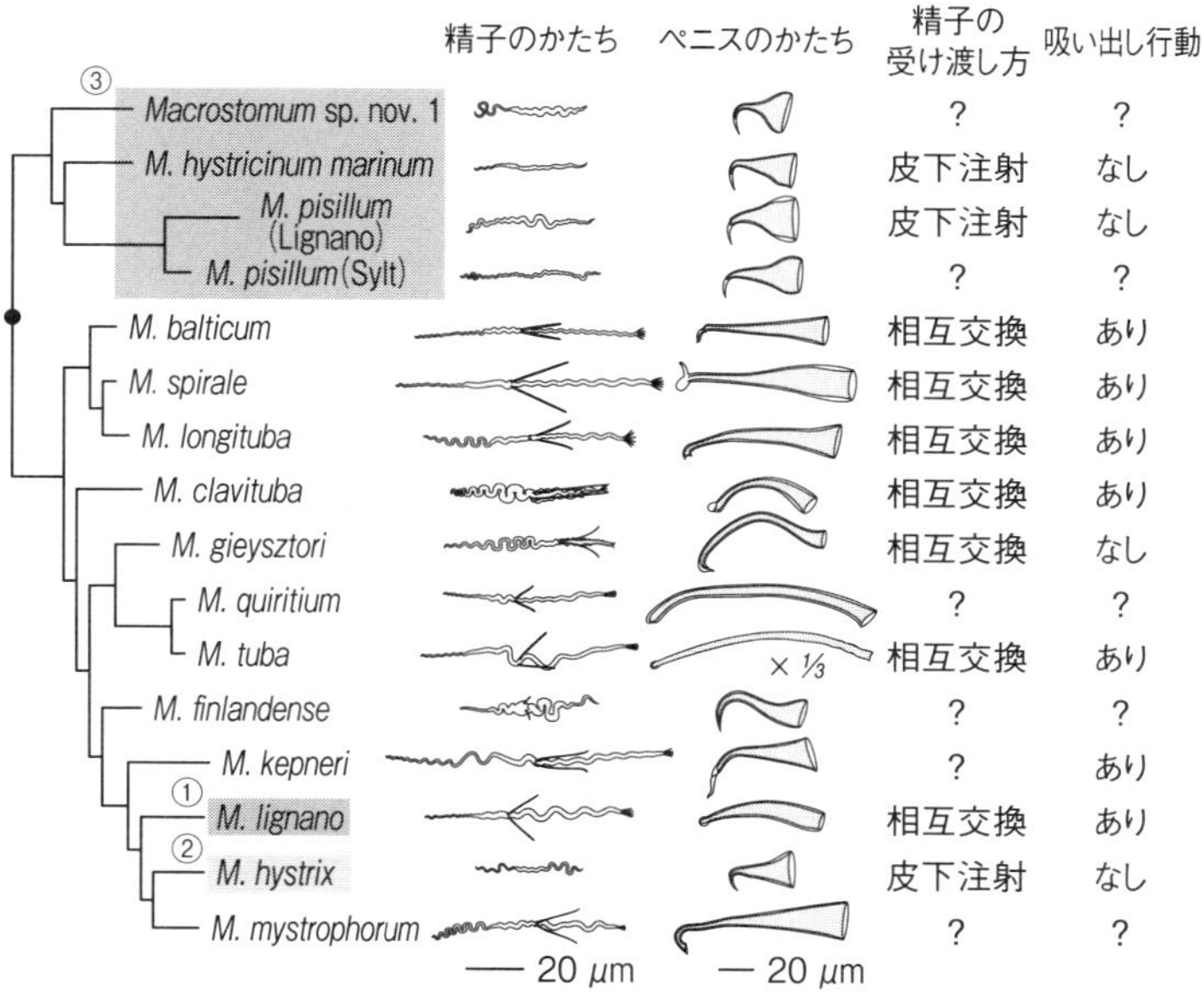

図 5·6　マクロストマム類の生殖行動と精子のかたちの進化

マクロストマム近縁種の系統関係と、精子のかたちを調べたもの。精子を相互交換する種では吸い出し行動を伴う場合が多く、精子は吸い出されても取り除かれないよう、アンカーとなる２本の突起物をもつよう進化している。一方、精子を皮下注射する種の場合、ペニスの先端は相互交換をする種に比べて鋭くとがっており、精子は体内を泳ぐためにシンプルなかたちをしている。①は本章で出てくるマクロストマム・リニアーノ（*M. lignano*）を、②はマクロストマム・ヒストリクス（*M. hystrix*）を、③はシンプルな精子のかたちをもつその他の種を示している。（文献 5-10 をもとに改変して作成）

とから解放され、相手の体内を移動するようになるという、二つの変化に急速に適応した結果であることが示唆されます。

このように起源は異なれども結果的によく似た形質をもつようになることを、生物学では「収斂進化」といいます。理由はよくわかりませんが、皮下注射式の生殖様式というのは進化の過程でよく現れるようで、扁形動物のみならず、一部の軟体動物や昆虫などにも見られます。マクロストマム類は雌雄同体ですが、精子の受け渡し方が変わることで、メスとしての行動が変わり、さらにそれが精子の形状に影響する、というように性淘汰によってそれぞれの形質にはダイナミックな進化が起きているのです。まさに生物が子孫を残すために進化させた「生き残り戦略」の面白さと奥深さを垣間見ることができる事象だと思います。

6章　プラナリアの生き残り作戦から考える

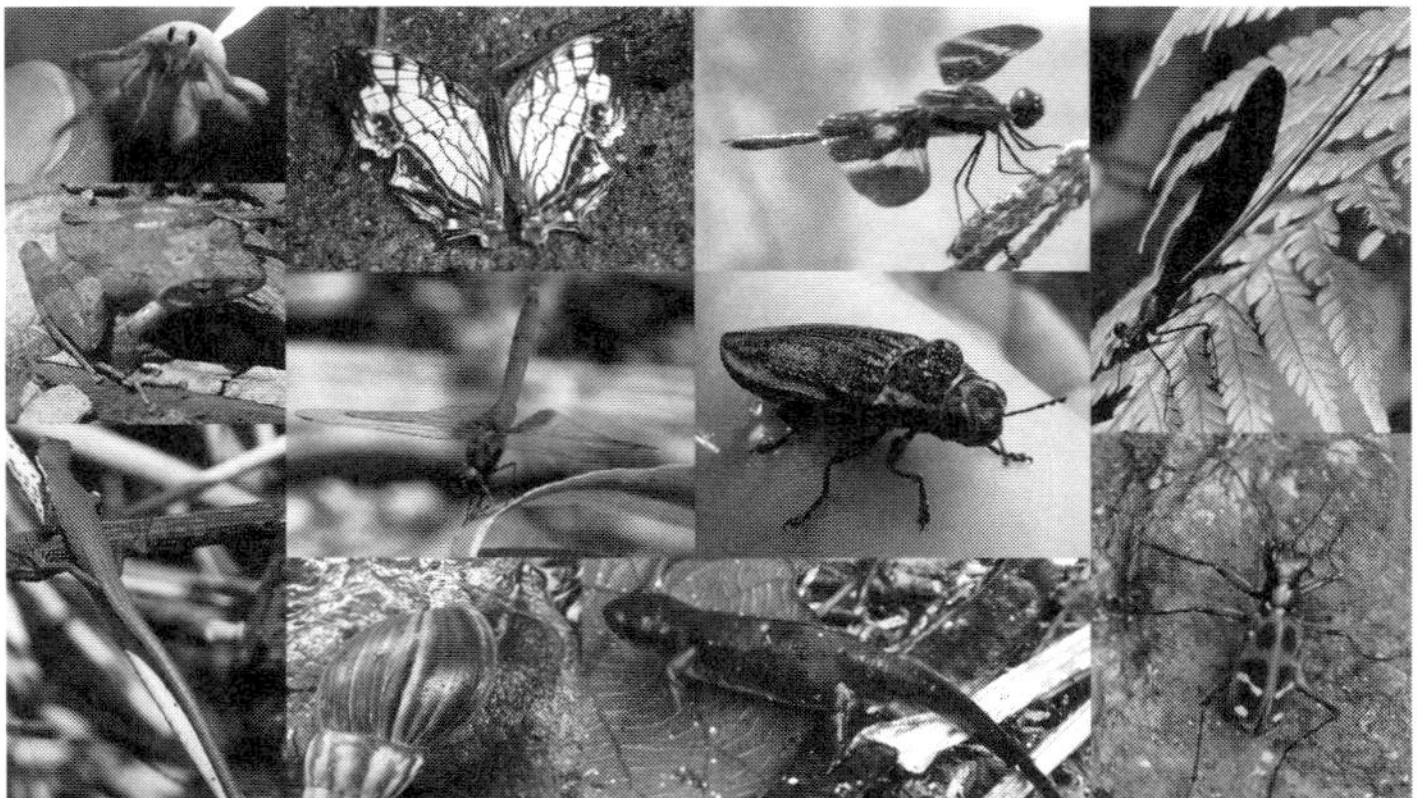

沖縄採集中に見られたその他の生物

写真説明:左列上から、ヤドカリの一種、リュウキュウカジカガエル、アオカナヘビ、左から二列目上からイシガケチョウ、ベニトンボ、アフリカマイマイ、右から二列目上からオキナワチョウトンボ、アヤムネスジタマムシ、シリケンイモリ、右列上からリュウキュウハグロトンボ、オキナワハンミョウ（写真撮影：簗場ひとみ）

1 ウズムシ以外の栄養生殖型無性生殖と有性生殖との転換現象

さて、いよいよ最後の章です。プラナリアの生き残り作戦を「巧妙」であると感じてもらいたくて、2章では、私たちヒトを含む哺乳類をはじめとして、さまざまな動物からわかっている教科書的な生殖に関する知識をおさらいしました。そこであらためて哺乳類の生殖様式が「有性生殖」に限定されていることを再認識し、ウズムシの生き残り作戦には「(配偶子を必要としない)栄養生殖型の無性生殖」と「(配偶子を必要とする)単為生殖型の無性生殖」があることを学びました。そして、ウズムシは無性生殖だけで繁殖しているということはなく、時折、「性」をもつことが子孫繁栄のために重要であることを読み取っていただけたでしょうか?

実は無性生殖という生殖方法はウズムシの専売特許ではありません。「栄養生殖型の無性生殖」と「単為生殖型の無性生殖」の両方でみれば、ほとんどの動物門に無性生殖を行う動物がいます。哺乳類が例外といっても過言ではありません。哺乳類が属している脊索動物門にも無性生殖を行うものがいます。脊索動物門尾索動物亜門ホヤ綱に属する群体ボヤの仲間は、横分体形成、囲鰓腔壁出芽、芽茎出芽といった芽体形成によって無性生殖を行います。群体ボヤの無性生殖では、プラナリアのネオブラストのような未分化な多能性幹細胞ではなく、ある種の上皮組織が多能性をもっており、この組織が脱分化して分化転換することで出芽に寄与します[6-1]。群体ボヤは無

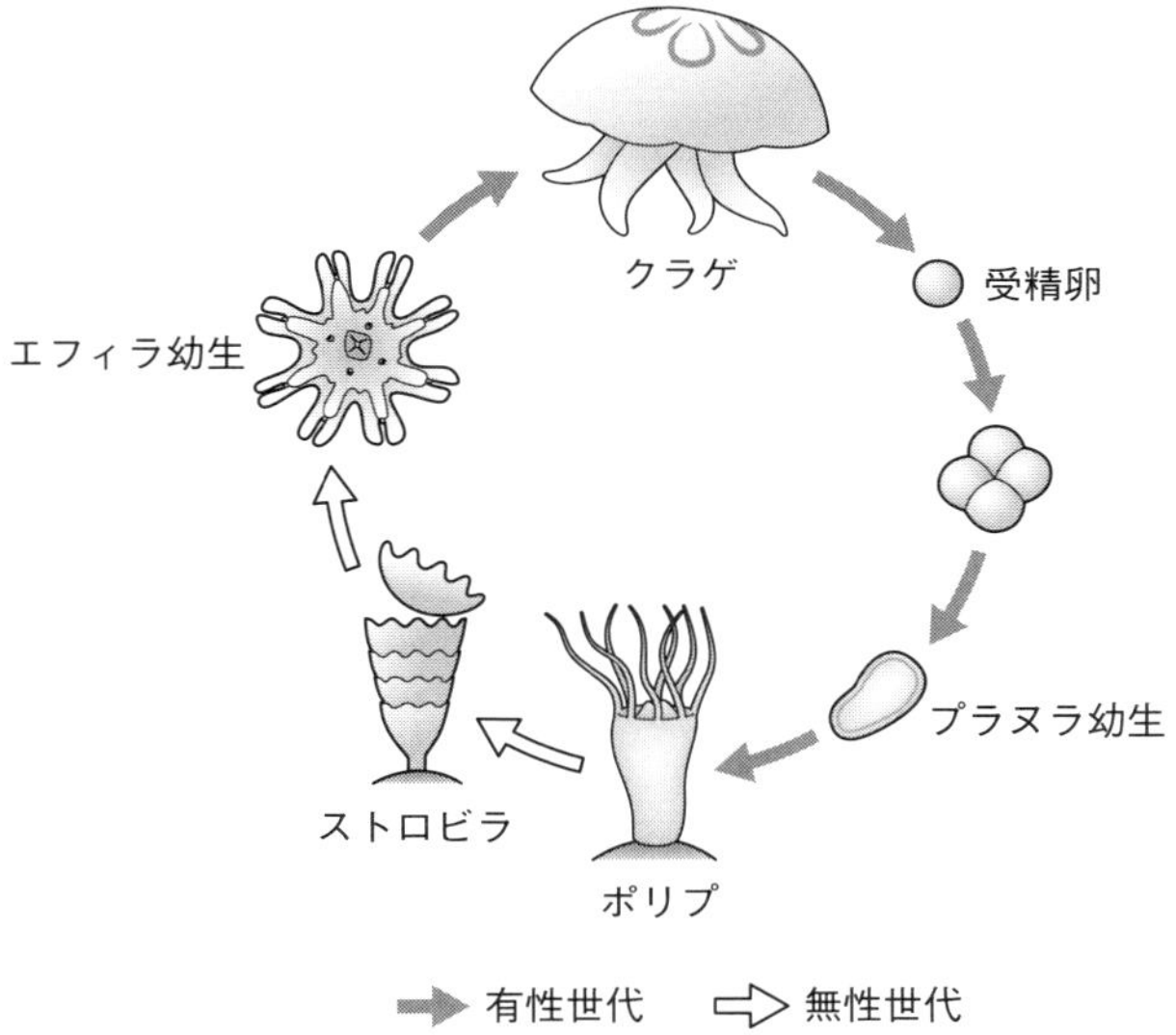

図6·1　ミズクラゲの生活環（生殖様式の転換）

性的に増殖しますが、無性生殖サイクルの間に生殖器官もつくり有性生殖も行います。群体ボヤの無性サイクル中の生殖器官誘導に関しては、高知大学の砂長　毅博士らがミダレキクイタボヤを材料に精力的にその仕組みを研究されています[6-2][6-3]。ミダレキクイタボヤでは、体腔細胞の一種である血球芽細胞の一部から、生殖細胞が形成してくることもわかっています。

ライフサイクルによって厳密に生殖様式が制御されている例としては、刺胞動物のミズクラゲや、棘皮動物のクモヒトデやヒトデが挙げられます。ミズクラゲでは胚発生後プラヌラ幼生を経てポリプとなり、ポリプはストロビラとよばれる多重構造になり多数のエフィラ幼生を無性的につくりだします。エフィラ幼生は発達して、皆さんが海でよくみかけるミズクラゲとなり有性生殖を行うわけです（図6・1）。ポリプからクラゲへの転換に、レチノイン酸や温度変化に反応して発現する分泌タンパクが関与していることもわかっています [6-4]。ある種のクモヒトデやヒトデは、幼生のときに無性的に増殖するという報告があります [6-5] [6-6]。ヤツデヒトデは、生殖器官が発達した成体が分裂をして、無性的に殖えることができます [6-7]。

環境要因が生殖様式の転換に影響する例としては、刺胞動物のヒドラや環形動物のヤマトヒメミミズが挙げられます。ヒドラは出芽によって無性生殖を行います。ヒドラは分化多能性幹細胞である間在細胞（interstitial cell）をもっており、出芽だけでなく、有性化時に生殖細胞への分化にも寄与します。ヒドラの有性化は温度変化によって引き起こされます [6-8]。ヤマトヒメミミズは断片化

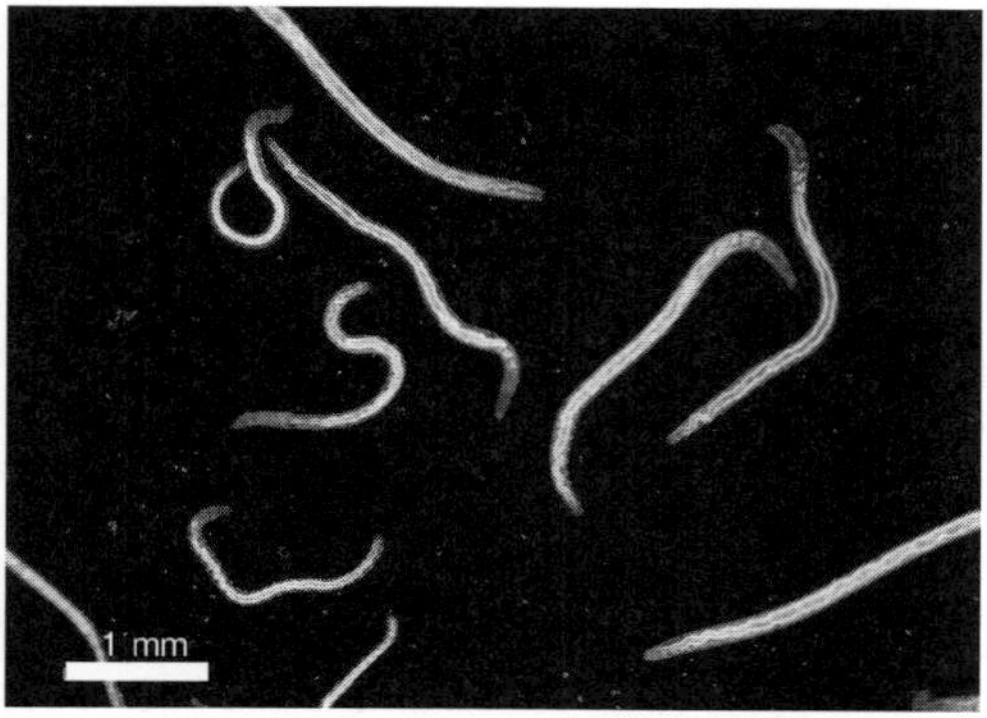

図6·2　ヤマトヒメミミズの無性クローン集団
研究室では、寒天培地を土代わりにして、餌にオートミールを与えている。断片化／再生によって増殖しているので、サイズの異なる個体が常に観察できる。（動物提供：田所竜介）

(fragmentation) 後に再生することで無性的に増殖します (図6・2)。ヤマトヒメミミズは生息密度の変化が大きな要因となって、分化多能性幹細胞から生殖細胞の誘導が引き起こされることもわかっています [6-9]。

ウズムシの有性化現象を含めて、さまざまな動物での栄養生殖型無性生殖と有性生殖との転換現象が明らかにされることで、動物に共通した生殖様式転換の仕組みが見えてくるかもしれません。

2 単為生殖から有性生殖への切り替え現象

単為生殖には卵子形成の仕組みに違いがあり、バリエーションが豊富です。体細胞分裂と同じような形式で卵子が形成される場合は、娘は100%母親のクローンになりますから、これは文句なく無性生殖といえます。この場合の単為生殖を「アポミクシス」(apomixis) とよびます。ややこしいのが減数分裂を介する場合です。「エンドミトシス」(endomitosis) (3章6節参照) では減数分裂前に染色体が倍加することで、結果的に母親と同じDNA量 (染色体数) の娘が生じます。教科書では倍加した相同染色体同士間で二価染色体が形成されて、染色体の乗換え現象が起こると説明されているので、原則的にエンドミトシスでも娘は母親のクローンに限りなく近い状態になっていると考えられています。3章6節で紹介したウズムシのシュミッティア・ポリクロアの単為生殖で形成される雌性生殖細胞系列は、このエンドミトシス型に相当します。

無性生殖なのか有性生殖なのか議論がわかれるのが、減数分裂後に染色体数が倍加する「オートミクシス」(automixis)です。減数分裂には第一分裂と第二分裂がありますから(図2・4)、オートミクシスのタイプは二つに分けられます。第一減数分裂後に、雌性前核と第一極体が融合してから第二分裂に入る場合は、母親由来の相同染色体がヘテロになります（第一減数分裂後の核相回復）。第二減数分裂後に雌性前核と第二極体が融合する場合は、母親由来の相同染色体がホモになります（第二減数分裂後の核相回復）。減数分裂が完了してつくられた半数体の核が倍加することもあって（減数分裂後の複製）、この場合はすべての遺伝子座においてホモになります。オートミクシスによって生まれてくる娘は母親のクローンにはなっていないことになるので、無性的であると言い切れません。ただし、1章で定義しましたように、本書では性の定義を「同種2個体間で遺伝子を混合する」としますので、1個体内で遺伝子を混合しているオートミクシスは無性生殖と位置づけてきました。

単為生殖の発生の開始に精子を必要とする動物もいます。このタイプの代表例としてギンブナが挙げられます。三倍体のギンブナにはオスがおらず、近縁種の精子に依存して単為発生を開始します [6-10]。ウズムシの単為生殖も精子依存性です。ウズムシは雌雄同体ですから、単為発生を開始するための精子を同種の個体から得ることができます。むしろ、体内受精で近縁種との交尾がなかなか成立しないので、同種の精子が必要なわけです。シュミッテイア・ポリクロアの雄性生殖細胞系列では、正常な減数分裂が起こり、一倍体の精子がつくられます（図３・14）[3-12]が、結局、受精後に排除されてしまうのでエンドミトシスタイプの単為生殖が起こっていることになります。面白いのが、この同種他個体の精子が「不定期に生じる性」（occasional sex）（図３・15）に必要不可欠であるということです。他種精子を使うギンブナの将来がどうなるのかはわかりませんが、やはり、無性生殖だけでは理論上絶滅の運命を辿《たど》るので、精子依存性の単為生殖では他動物でも「不定期に生じる性」による一時的な性が生じているかもしれません。

それでは、精子に依存しない単為生殖はどうなるのでしょうか？　節足動物のミジンコはアポミクシス型の単為生殖を行いますが、彼らは胚発生中に環境の刺激を受けると、本来、単為生殖を行うメスが発生するところに、オスや、減数分裂を行い一倍体の卵子を産生するメスをつくりだすことができます。これらのオスとメスは有性生殖によって、厳しい環境に耐えることのできる耐久卵をつくるのです（図６・３）。環境刺激による単為生殖雌のオス化の仕組みは、基礎生物研究所の井口泰泉博士らや大阪大学の渡邉 肇博士らが中心となるグループによって解明され、幼若ホルモンの一種がオス化を引き起こし、*dsx*（double sex）とよばれる遺伝子が関与していることがわかっています[6-11]。一方、北海道大学の蛭田千鶴江博士らは、ミジンコの一種、ダ

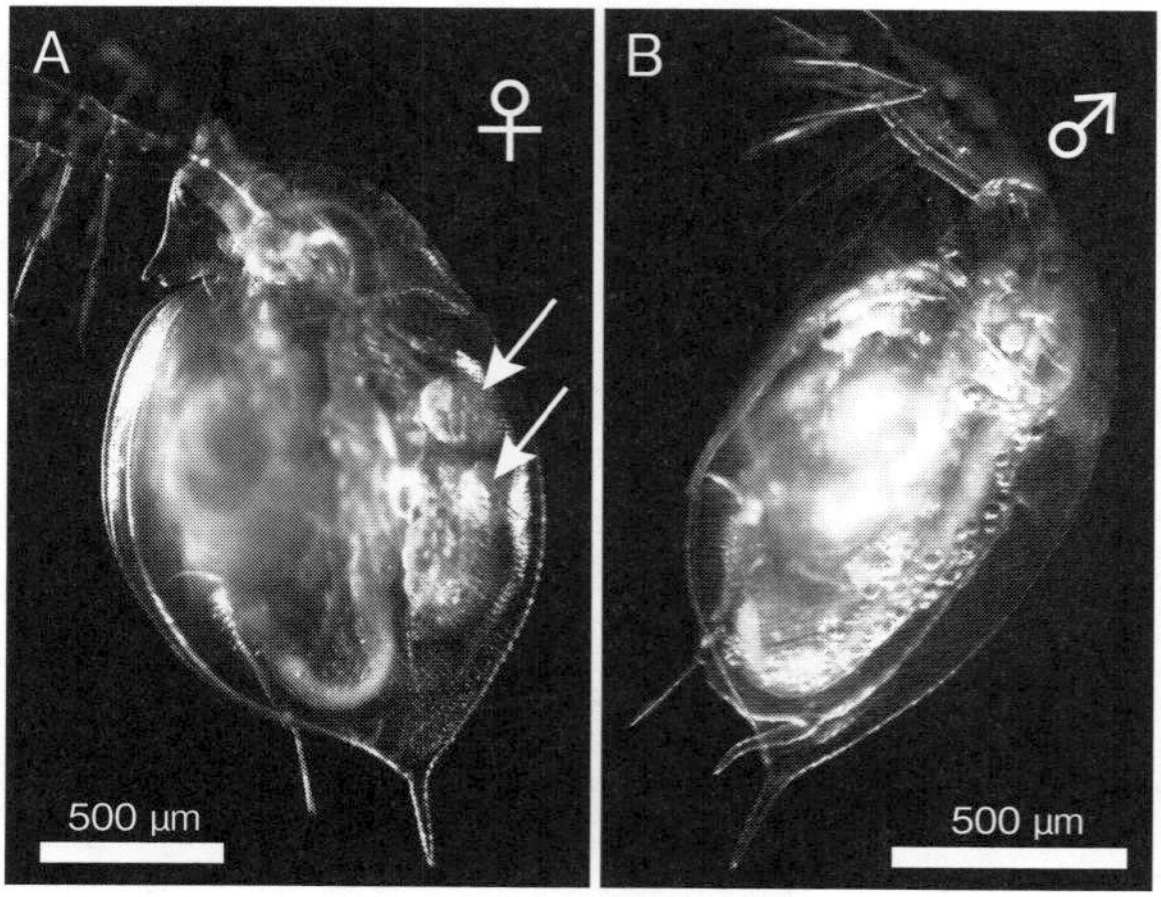

図6·3　A はミジンコのメス。矢印は卵子。B はミジンコのオス。（写真提供：宮川一志）

フニア・ピュレックス（*Daphnia pulex*）が、アポミクシスではなく変則的なオートミクシス型の単為生殖と有性生殖を転換していることを発見しました［6-12］。先述のように、オートミクシスではアポミクシスと違って、単為生殖によってつくられる卵子で多様性が生まれていますから、そこで有性生殖に切り替われる生殖戦略は、アポミクシス型のミジンコにおける有性生殖への転換戦略より有利であるかもしれません。単為生殖動物のオス化による有性生殖への転換は、同じく節足動物のアブラムシでも知られています［6-13］。このように、精子非依存型の単為生殖を行う動物でもオス化によって有性生殖への転換をすることができると考えられます。

3　単為生殖しかしない動物がいる⁉ ―進化学的スキャンダル―

しかし、例外というものは必ずあるものです。節足動物のササラダニや輪形動物のヒルガタワムシは、アポミクシス型の単為生殖でのみ繁殖しています。それにもかかわらず、ササラダニは約200種、ヒルガタワムシは約360種もいて繁栄しています[6-14]。特にヒルガタワムシは数千万年もの間、性が存在していないとされており、これを示した研究者がDNAの半保存的複製で有名なメセルソンであったことから、「メセルソン効果」(Meselson effect)とよばれています[6-15]。

メセルソン効果とは、単為生殖でのみ繁殖しているためにDNAに変異が蓄積されるばかりでなく、有性生殖では排除されるべき変異が、単為生殖であったからこそ新規遺伝子の獲得につながるという考えです。この考えは、無性生殖のパラドックスに関係するセンセーショナルな理論として進化生物学の分野で「進化学的スキャンダル」として話題になりました。この発表後も、メセルソンらのグループは、ヒルガタワムシがアポミクシス型の単為生殖でのみ繁殖したにもかかわらず、なぜ約360種にも種分化したのかという答えの一つとして、水平伝播によって、他の生物から遺伝子を獲得して、ヒルガタワムシの新規遺伝子として利用する仕組みを示しています[6-16]。

4 哺乳類が単為生殖を行わないわけ

栄養生殖型の無性生殖を行うためには、少なくとも分化多能性幹細胞があらかじめ備わっているか、分化した細胞が脱分化して未分化細胞が供給されなければなりません。しかし、単為生殖は、ほとんどすべての動物がつくる卵子によって起こるので、偶発的なきっかけでさえ起こり得る印象があります。実際、実験的に卵子を賦活化すると雌性前核が倍加して二倍体となり、受精なしで発生が進むことが多くの動物で知られています。ところが、哺乳類では、単為生殖が起きない理由がわかっています。例えば、マウスの卵子と精子を使って、実験的に顕微操作で雌性発生胚（雌性前核が二つ）や雄性発生胚（雄性前核が二つ）をつくることができます。双方とも二倍体になっていて何ら問題ないはずなのに、胚発生の途中で致死になってしまうのです（図6・4）。これは卵子のゲノム ≠ 精子のゲノムであることを意味しています。このことを理解するためのエピソードがあります。皆さんはウマとロバの雑種であるラバを知っていると思います。ウマとロバのそれぞれの良い面をもった家畜ですね。このラバですが、卵子がウマで精子がロバのときにだけ生まれてくることを知っていたでしょうか？　実は、卵子がロバで精子がウマになると、ケッテイとよばれるラバとは大きく性質の異なる雑種が生まれてくるのです [6-17]。普段、ケッテイは家畜としての能力が低いためにつくられないのです。この現象は、卵子のゲノムと精子のゲノム

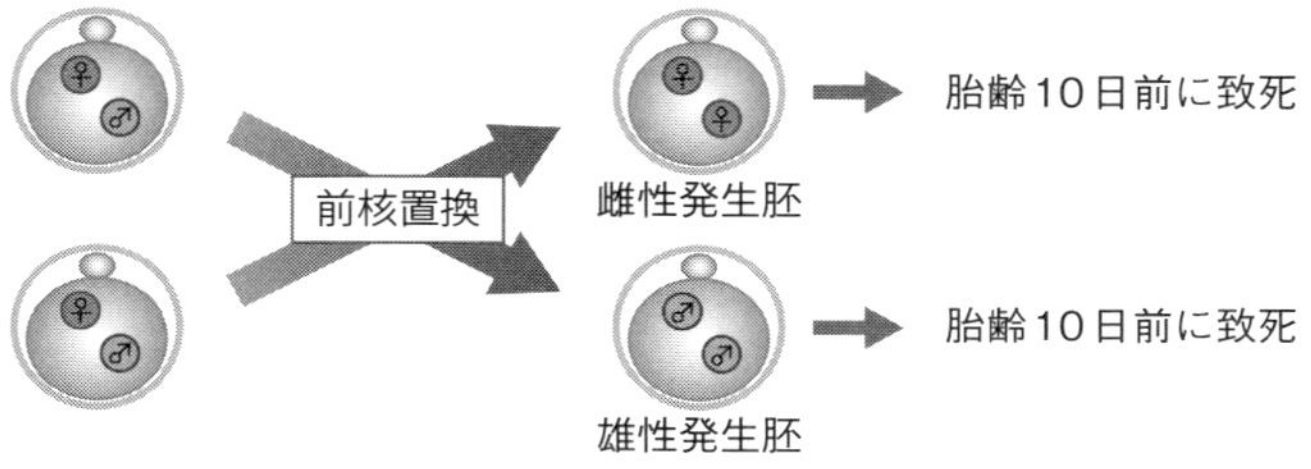

図6·4　マウス受精卵の前核置換
実験的につくられた雌性発生胚や雄性発生胚は致死になる。

が同質であれば起こりえないはずです。哺乳類で単為生殖が成立しない理由は解明されていて、ゲノムインプリンティング（ゲノム刷り込み）という現象が関係しています。動物ではこの現象は胎生の哺乳類でのみ確認されています。哺乳類であるけれども卵生の単孔類カモノハシでは起こっていません。胎生の哺乳類にはインプリント遺伝子が存在していて、卵子由来のゲノムと精子由来のゲノムでこの遺伝子の発現のパターンが異なっている（一般的にはＤＮＡメチル化による発現抑制）ことが、原因になっています。東京農業大学の河野友宏博士らのグループは、このエピジェネティック制御を人為的に変更することで単為発生マウスをつくることに成功しています[6-18]。

胎生の哺乳類で負担の大きい妊娠が偶発的にも単為発生によって起こることは、メスにとっては望まない妊娠（2章4節で紹介したようなメスによる性淘汰が起こらなくなる）となるでしょうし、単為発生よりも受精（有性生殖）によって多様な子孫を産むことにメリットがあるといえます。その意味でゲノムインプリンティングは、単為生殖防御に働いているのかもしれません。単為生殖のみで繁栄しているヒルガタワムシを例外とするならば、有性生殖のみに限定されている哺乳類も例外といえるのかもしれません。ほとんどの動物は、無性生殖と有性生殖を転換してそれぞれの生殖様式のメリットをうまく使って種を繁栄させているのだと思います。

5 三倍体カエルの性

三倍体系統であるリュウキュウナミウズムシOH株やシュミッティア・ポリクロアの三倍体個体では、三倍体のネオブラストから雄性生殖細胞が生じる時に、1ゲノムセットが排除されて二倍体となります（図3・14、図4・8）。エンドミトシスのように染色体数が倍加することは容易に起こりうると考えられますが、三倍体の1ゲノムセットだけがどのような仕組みで排除されるかはまだよくわかっていません。さらにリュウキュウナミウズムシOH株は、三倍体にもかかわらず、有性生殖をしていることが明らかになりました（図4・8）。このような教科書にも書かれていない染色体挙動は、果たして原始的な後生動物であるウズムシだけの特殊な現象なのでしょうか？

脊椎動物でも単為生殖は、魚類、両生類、爬虫類などで知られています。かつては三倍体の両生類は、メスしかおらず単為生殖のみで繁殖していると考えられていました。マティアス・ストェックらは、ヨーロッパミドリヒキガエル（*Bufo viridis*）の三倍体に、オスがいることに気がつきました。何と、リュウキュウナミウズムシOH株のように、三倍体の始原生殖細胞から1ゲノムセット排除して二倍体の精原細胞をつくり、通常の減数分裂を経て一倍体の精子をつくるのです。一方、雌性生殖細胞系列でもリュウキュウナミウズムシOH株のように変則的な減数分裂により二倍体の卵子ができ、受精の結果、三倍体の子どもをつくっていたのです[6-19]。このような非教科書的な染色体挙動は、広く動物界で採用されていて、「三倍体の障壁」と考えられている三倍体動物でも性と関係しているのかもしれません。シュミッティア・ポリクロアの単為生殖型の無性個体における「不定期に生じる性」の例もあわせて、ウズムシの生き残り作戦（生殖戦略）から、進化的に保存された新奇のメカニズムが明らかになっていくと期待できます。

話が変わりますが、カダヤシ科に属する魚や昆虫のナナフシは雑種形成を利用した変わった単為生殖を行います。簡単に説明すると次のようになります。雑種ABは種Aの染色体を組換えることなく卵子をつくり、種Bの精子と受精して雑種状態を維持します。つまり、種Aのゲノムが無性的に伝播されていくことがわかるかと思います。普通の単為生殖と異なるところは、常に種Bから減数分裂を経て多様性をもった一倍体のゲノム（精子）をもらうので、雑種ABの体組織の表現型は単純なクローンではなくて多様性が生まれるという特徴があります。事実上、単為生殖が行われているのにも関わらず、有性的な側面もあるので「半クローン生殖（hemiclonal reproduction）」あるいは「hybridogenesis」とよばれています。普通、半クローン生殖の雑種は親種と共存しなければ成立しません。

カエルでも半クローン生殖をするものが知られています。ヨーロッパコガタガエル（*Pelophylax lessonae*、遺伝子型ＬＬ）とワライガエル（*P. ridibundus*、遺伝子型ＲＲ）との間にヨーロッパトノサマガエル（*P.* kl. *esculentus*、遺伝子型ＬＲ）、という稔性をもつ雑種が生まれます（属名と種小名の間の kl. はこの種が雑種であることを意味する）。ヨーロッパトノサマガエルは次世代にワライガエルのゲノムだけを伝えて、ヨーロッパコガタガエルのゲノムは排除してしまいます［6-20］。

さて、いよいよ本題ですが、実はヨーロッパトノサマガエルには二倍体（遺伝子型ＬＲ）だけでなく、三倍体（遺伝子型ＬＬＲあるいはＬＲＲ）もいます。三倍体は、二倍体とは違ってワライガエルだけでなく、ヨーロッパコガタガエルのゲノムをもった配偶子もつくることができ、二倍体と共存することで親種なしに半クローン生殖を行えます。三倍体がつくる配偶子ＬあるいはＲは、遺伝子型ＬＬＲのＬＬ、あるいは遺伝子型ＬＲＲのＲＲ間で組換えを起こしたのちにつくられるので（遺伝子型ＬＬＲのＲあるいは遺伝子型ＬＲＲのＬは配偶子形成時に排除される）、多様性をもつことになります［6-20］。このことから、この半クローン生殖は meiotic hybridogenesisともよばれます。以上のことをまとめると、これら雑種三倍体は多様性をもった一倍体配偶子を有性的に子孫に伝えることができるといえます。この現象も三倍体カエルの性の一つとして挙げられるでしょう。

6　性淘汰の観点から見るよそさまの事情

他の個体と遺伝子を混ぜ合わせる有性生殖というシステムができることで、この世には運動性に特化した小さい配偶子（精子）をつくるオスと、栄養を蓄えることに特化した大きな配偶子（卵子）をつくるメスが生まれることになりました。いったん異なる性質の配偶子をつくるようになると、オスとメスではそれぞれ子孫を残すために有利になる形質や戦略が違ってくるため、異なる選択（性淘汰）が生じることになります。オスとメスが分かれている生物では、進化の過程で異なる淘汰圧を受け続けてきた結果、同じ種なのにまるで違った姿になるということが起きたりします。一般的にはクジャクのオスの派手な羽根などが有名なので、皆さんは性淘汰といえばこのようなオスとメスの違いを生む力という印象が強いかもしれません。しかし、この性淘汰は、もとをたどれば異なる配偶子をつくることに起因する[6-21]ということに気づくと、実はオスとメスの区別がない雌雄同体の生物でも性淘汰が起こるのだ、ということをヒラムシやマクロストマムを例にした研究紹介からおわかりいただけたかと思います。

もちろんプラナリア以外の雌雄同体の動物にも性淘汰は存在します。この節ではそのような例を三つほど紹介したいと思います。例えば軟体動物門のカタツムリ。皆さんは「かたつむり」という有名な童謡の歌詞で、「つのだせ、やりだせ、あたまだせー」と歌っているのを聞いたことがあると思います。「つの」は頭からウネウネと出ている触角のことですが、「やり」とはなんでしょうか？　実はこの「やり」はカタツムリの交尾行動で見られる「恋矢《れんし》（ラブダーツ）」のことを指しているのだそうです。カタツムリは雌雄同体ですから、ペニスを挿入する際、白くて硬い槍状のものをお互いパートナーにぶすりと突き刺します。それが「恋矢」です。恋矢のサイズやかたちは種によってさまざまで、自分たちの殻の大きさが3.5 cmほどなのに1 cmもの大きさの恋矢を相手に突き刺すカタツムリもいるようです[6-22]。なぜこのようなものを相手に突き刺すのか？

じつは恋矢にはホルモンのような働きをする物質が含まれた粘液が付着しており、相手の行動を変えてしまう作用があるようです。5章でも少し述べましたが、カタツムリには受け取った精子をすべて使わずに消化してしまう能力があります。しかしこの粘液が相手の体内に送り込まれると、渡した精子をできるだけ消化させないようにしたり、相手の性欲を低下させたりするそうです[6-22][6-23]。相手の性欲が低下すれば、自分との交尾のあとに誰かと交尾する確率が減るため、精子競争に有利になります。他の誰かに盗られるくらいなら相手を傷付けてでも独占したい、といったところでしょうか。そんなカタツムリの暴力的ともいえる恋矢は、自分の精子の受精率を高めて性淘汰に有利に働くことで進化してきたといえます。

同じく軟体動物門の雌雄同体動物であるチリメンウミウシ（*Chromodoris reticulata*）も性淘汰の結果、奇妙な生殖戦略をとっているようです。彼らはなんとペニスを使い捨てにしていて[6-24]、交尾のあと自分のペニスをパートナーから引き抜くと、自らそれを捨ててしまうのです。ペニスを捨ててしまっては交尾することができません。でも大丈夫。このウミウシはすでに次のペニスをらせん状にコンパクトに折りたたんで体内に待機させてあるので、24時間ほど経てばまた再び交尾をすることができるようです。それではなぜそのような面倒なことをするのでしょうか？　じつはペニスの表面には逆棘《かえり》がびっしり生えているそうで、研究者たちが交尾後に捨てられたペニスを観察すると、そこには精子がたくさん絡め取られていたそうです。おそらく前の交尾相手が残していった精子を掻き出し、少しでも自分の精子が有利になるように進化した構造なのでしょう。そのようなペニスを次の交尾に使えば、ライバルの精子も一緒に届けてしまうリスクがありますから、いっそのこと捨ててしまった方が有利なのかもしれません。また、いったん体の外に出た逆棘は、体内に戻そうとすると引っかかってしまいますから、使い捨てになっているのではないかと研究者たちは推測しています。

さて、ここまでちょっと過激な生殖行動を紹介しましたが、平和的に物事をすすめる雌雄同体の生物もいます。ミノウミウシの一種であるイオリディエラ・グロウカ（*Aeolidiella glauca*）は、いいなと思った相手に出会うとまずちょっとアプローチして好意を示します。相手からまんざらでもない反応が返ってくると、互いに頭と頭とを突き合わせ、頭からウシの角のように生えている触角でふれあいます。このプロセスは手短にすまされるようですが、お互いを気に入るかどうかはここで決まるようです。ウミウシにも好みがあるのです。もし、もう一段階進んだ関係になりたいとお互いが感じれば、2匹はおもむろに前進します。そして体半分ほどすれ違いはじめたあたりで止まると、ペニスを同時に突き出し合い、精包というかたちで精子が詰め込まれたプレゼントを相手の背中にそっと置くのです[6-25]。そして最後に、渡した精包をペニスでなでて、2匹は別れます。精子交換の儀式はいつもお互いの合意のもとに、紳士的に行われます。攻撃的な様子を見せる個体は見当たりません。精子は数時間後に精包から出て、雌性生殖孔を目指してミノ（蓑）のような鰓突起の間をぬって表皮の上を旅するようです。しかし精包は相手に食べられてしまうこともあり、どう扱うかは相手の自由なようです。惚れて渡したプレゼント、お前の好きに使うがいい、といった感じでしょうか。その後の研究で、このウミウシはすでに誰かの精包を背中にのせた相手には興味を示さず、精子競争にさらされるリスクを避けて慎重に相手を選んでいるということが示されました[6-26]。無理強いや競争を好まない、どこまでも紳士的なウミウシのようです。

7　おわりに―プラナリアに関心のある若い方へ―

筆者の主観的な意見になってしまいますが、プラナリアという生き物はその知名度の割に研究者人口が少ないように思います。そして、世界レベルでみると、モデル動物でわかった重要な仕組みがプラナリア（それも限られたウズムシの数系統だけで）ではどうか？という研究が多いような気がしています。時代の潮流でインパクトのある研究結果が他動物で報告され、それはプラナリアではどうかと研究するわけですから、一時はインパクトの高い雑誌に論文は載るのですが、それから発展することが少ないように思います。せっかくですから、プラナリアで特徴的に見られる生物現象の仕組みを、時間がかかっても、手探りでも解明していってはどうでしょう。それはプラナリアだけで独自に進化した結果かもしれませんが（そうだとしても筆者は面白いと思いますが）、もしかすると、独自性と思われる現象に潜んでいる動物に共通した新しい原理がみつかるかもしれません。

筆者はモデル動物を使った研究を否定しているわけではなくて、モデル動物ではない動物の研究から生物学の重要な原理がわかってきた例は過去にもたくさんあることを見過ごすべきではないとお伝えしたいのです。そもそも、モデル動物ももともと有象無象《うぞうむぞう》の動物の一つであり、過去の研究者が泥臭い研究をあきらめずに根気よく続けて来た結果、今があるわけです。ある大学の新進気鋭の研究者の発表で、モデル動物である線虫の研究をすれば生命現象のすべてがわかる！と発言されているのを聞いて心底驚いたことがあります。これは究極的に還元主義的な研究スタイルであり、「木を見て森を見ず」の典型だと思います。少々、思想的な話になりましたが、本書を読んで頂いた読者、特に研究者を目指している若い方には、生物学の発展のためにも「森を見る」ことも忘れずにいてほしいと願っています。

さて、プラナリアの話に戻りますが、プラナリアの生物学から他動物を用いている研究者を魅了する研究成果を発信するためには、プラナリアのモデル動物化を目指し、プラナリアに特徴的な生物現象を解析していかなければなりません。まず、筆者が大事だと思うことは、日本に生息するプラナリアを種同定でき、新種記載のできる分類学者が増えることだと思います。日本では藤女子大学におられた川勝正治先生がリタイアされたあと、精力的にプラナリアの分類学を先導する方が育っていません。本書で紹介したイタリア産のマクロストマム・リニアーノは、まさに分類学者と実験生物学者が良い関係で開発が進んだ実験材料であり、現在では全ゲノムも解読され、また遺伝子改変も可能となって、ウズムシを超えてモデル動物化が進んでいます。

扁形動物で再生研究が最も進んでいるウズムシ類は、ゲノム解読やRNAシーケンス情報も公開されています。しかし、残念なことに遺伝子改変技術が確立されていないために、モデル動物になりきれていません。その大きな原因は二つあります。一つはウズムシが複合卵（卵殻）をつくり（3章2節）、初期の胚発生が卵殻の中でしかうまく進行しないということです。たいていの動物は単一卵ですから、インジェクションなどにより受精卵に遺伝子導入してから発生を進めることで、遺伝子改変を行います。ウズムシでは未受精卵（受精卵であっても）を卵殻からとりだすと発生させることができない（胚培養系が確立されていない）ので、この方法では遺伝子の改変が起こせません。これは最近話題になっているゲノム編集技術の適応という点でも同じことがいえます。もう一つは、プラナリアの分化多能性幹細胞ネオブラスト（1章5節）の培養系が確立されていないことです。細胞に遺伝子を導入する効率は高いわけではありません。普通は目的の遺伝子以外に薬剤耐性の遺伝子も導入します。うまくこれらの遺伝子がゲノムに組み込まれた細胞を殖して実験に必要な量を得るためには、遺伝子改変細胞が薬剤を含んだ培養液中で選択培養される必要があるのです。21世紀のウズムシの生物学の発展には、胚培養系とネオブラスト培養系の確立が必須の状況です。

プラナリアの受精や、胚発生の研究も、思いのほか進んでいません。一つは、最も研究材料として使われているウズムシでは、先述のように卵殻中で初期発生が行われるために観察や扱いが困難であることがあげられます。また、受精も体内で起こりますので、観察は容易ではありません。そこで注目してほしいのがヒラムシです。ヒラムシはウズムシとは違って単一卵で、典型的ならせん卵割で発生することが知られています。１９９０年代にアメリカのバーバラ・ボイヤーらがヒラムシの初期胚発生の細胞系譜の研究を行っていましたが、その後はヒラムシの胚発生研究は下火でした。最近はオーストリアのベルンハルト・エッガーが精力的に研究を進めています。日本のヒラムシは、たいていの種が研究室で維持することが困難で、研究のためには生殖シーズンに海に採集しに行かねばなりません。1章3節で紹介したカイヤドリヒラムシは飼育に成功していますから、興味のある方はぜひ材料に使ってほしいと思います。

筆者らはとりわけウズムシを材料にして生殖様式転換現象を研究していますので、本書を読んで頂いて興味をもった方がいれば、将来、ぜひ研究してほしいと思っています。ウズムシ研究は、ゲノム情報やRNAシーケンス情報が公開されているナミウズムシやシュミティア・メディテラニアが材料として主に使われていますが、筆者らも近いうちにリュウキュウナミウズムシのRNAシーケンス情報を公開しますので、さらに研究基盤が整い、生殖様式転換現象の解明が進むと期待しています。

あとがき

この本ではプラナリアの生き残り戦略として、無性生殖と有性生殖の転換や彼らの交尾行動など、私たちにとってはちょっと不思議で変わった生物現象をご紹介しました。プラナリアで見られる現象と同じようなことは、しばしば他の生物でも見ることができます。何が普通で何が変わっているのかは、人間の基準で見たとらえ方にすぎません。動物界全体を見渡せば、私たちヒトのシステムはむしろ例外に近いのだということがおわかりいただけたと思います。

現存する生物たちは、どの種も、長い進化の歴史の中で子孫を残すための競争を勝ち抜いてきた精鋭たちです。彼らの生き残り戦略は本当にさまざまで、その巧みさに私たち人間は驚かされるばかりです。しかし一方で、その多様な戦略を見ていくことで、それらをつらぬく普遍的な共通原理が存在することも皆さんにお伝えしました。多様性と普遍性。その両方をバランス良く研究することが、生物の世界の仕組みを解き明かし、より深い真理に到達するために重要なのだと思っています。生物学を志す科学者として、筆者らが大事にしてきた視点をこの本には詰め込んだつもりです。皆さんに少しでも生物の生き残り戦略の面白さを感じてもらい、生物学に興味をもってもらえたらこんなに嬉しいことはありません。

最後になりましたが、このような本が執筆できたのは筆者らの恩師である星 元紀先生の教えが土台となっているからこそと感じています。この場をお借りしてお礼を申し上げます。また新潟大学の酒泉 満先生と東京大学名誉教授・法政大学名誉教授の長田敏行先生には原稿に目を通していただき、多くの貴重なご意見をいただきました。心より感謝申し上げます。また裳華房の野田昌宏さんには、原稿が大幅に遅れていたにもかかわらず辛抱強く待っていただき、出版まで大変お世話になりました。本当にどうもありがとうございました。

２０１７年 10月

関井清乃
小林一也

6-11 Kato, Y. *et al.* (2011) PLoS Genet., **7**: e1001345.
6-12 Hiruta, C. *et al.* (2010) Chromosome Res., **18**: 833-840.
6-13 駒崎進吉（2003）化学と生物，**41**(12): 826-831.
6-14 Schaefer, I. (2006) J. Evol. Biol., **19**: 184-193.
6-15 Mark Welch, D., Meselson, M. (2000) Science, **288**: 1211-1215.
6-16 Gladyshev, E. A. *et al.* (2008) Science, **320**: 1210-1213.
6-17 Hiura, H. (2009) J. Mamm. Ova Res., **26**: 183-188.
6-18 Kono, T. *et al.* (2004) Nature, **428**: 860-864.
6-19 Stöck, M. *et al.* (2002) Nat. Genet., **30**: 325-328.
6-20 Christiansen, D. G. (2009) BMC Evol. Biol., **9**: 135.
6-21 Schärer, L. *et al.* (2012) Trends Ecol. Evol., **27**: 260-264.
6-22 Arnqvist, G., Rowe, L. (2005) "Sexual Conflict" Princeton University Press, New Jersey, p.199.
6-23 Kimura, K. *et al.* (2013) Anim. Behav., **85**: 631-635.
6-24 Sekizawa, A. *et al.* (2013) Biol. Lett., **9**: 20121150.
6-25 Karlsson, A., Haase, M. (2002) Can. J. Zool., **80**: 260-270.
6-26 Haase, M., Karlsson, A. (2004) Anim. Behav., **67**: 287-291.

Gained from the Bioassay System for Sexual Induction in Asexual *Dugesia ryukyuensis* Worms" Springer Japan. (in press)
4-13 Kobayashi, K. *et al.* (2012) Zoolog. Sci., **29**: 265-272.
4-14 Tan, T. C. J. *et al.* (2012) Proc. Natl. Acad. Sci. USA, **109**: 4209-4214.
4-15 Tasaka, K. *et al.* (2013) Int. J. Dev. Biol., **57**: 69-72.

5章　ヒラムシ、マクロストマムの生殖行動

5-1 Michiels, N. K., Newman, L. J. (1998) Nature, **391**: 647.
5-2 Schärer, L., Ladurner, P. (2003) Proc. Roy. Soc. Lond. B Biol. Sci., **270**: 935-941.
5-3 Vizoso, D. B. , Schärer, L. (2007) J. Evol. Biol., **20**: 1046-1055.
5-4 Schärer, L. *et al.* (2004) Mar. Biol., **145**: 373-380.
5-5 Vizoso, D. B. *et al.* (2010) Biol. J. Linn. Soc., **99**: 370-383.
5-6 Schärer, L. *et al.* (2014) "The Genetics and Biology of Sexual Conflict" Rice, W. R., Gavrilets, S., eds., Cold Spring Harbor Laboratory Press, New York, p. 265-289.
5-7 Chapman, T. *et al.* (1995) Nature, **373**: 241-244.
5-8 Ramm, S. A. *et al.* (2015) Proc. Roy. Soc. Lond. B Biol. Sci., **282**: 20150660.
5-9 Ramm, S. A. (2017) Mol. Reprod. Dev., **84**: 120-131.
5-10 Schärer, L. *et al.* (2011) Proc. Natl. Acad. Sci. USA, **108**: 1490-1495.

6章　プラナリアの生き残り作戦から考える

6-1 佐藤矩行 編（1998）『ホヤの生物学』東京大学出版会.
6-2 Sunanaga, T. *et al.* (2006) Develop. Growth Differ., **48**: 87-100.
6-3 Sunanaga, T. *et al.* (2010) Develop. Growth Differ., **52**: 603-614.
6-4 Fuchs, B. *et al.* (2014) Curr. Biol., **24**: 263-273.
6-5 Balser, E. J. (1998) Biol. Bull., **194**: 187-193.
6-6 Vickery, M. S., McClintock, J. B. (1998) Nature, **394**: 140.
6-7 Shibata, D. *et al.* (2011) Zoolog. Sci., **28**: 313-317.
6-8 Sugiyama, T., Fujisawa, T. (1997) Dev. Growth Differ., **19**: 187-200.
6-9 Yoshida-Noro, C., Tochinai, S. (2010) Dev. Growth Differ., **52**: 43-55.
6-10 Yamashita, M. *et al.* (1990) Dev. Biol., **137**: 155-160.

York, p. 265-289.
2-12 Schärer, L. (2009) Evolution, **63**: 1377-1405.
2-13 Schärer, L., Ladurner, P. (2003) Proc. Roy. Soc. Lond. B Biol. Sci., **270**: 935-941.

3章　ウズムシの有性生殖と無性生殖

3-1 小林一也・松本 緑（2010）細胞工学，**29**: 670-674.
3-2 Bateman, A. J. (1948) Heredity, **2**: 349-368.
3-3 Martín-Durán, J. M. *et al.* (2012) Int. J. Dev. Biol., **56**: 39-48.
3-4 Kobayashi, S. *et al.* (1996) Nature, **380**: 708-711.
3-5 Kobayashi, K. *et al.* (2002) Zoolog. Sci., **19**: 1267-1278.
3-6 Best, J. B. *et al.* (1969) Science, **164**: 565-566.
3-7 Cebrià, F. *et al.* (2002) Nature, **419**: 620-624.
3-8 Best, J. B. *et al.* (1975) J. Comp. Physiol. Psychol., **89**: 923-932.
3-9 Kihara, H. (1951) Amer. Soc. Hort. Sci. Proc., **58**: 217-230.
3-10 Okutsu, T. *et al.* (2007) Science, **317**: 1517.
3-11 Kawakatsu, M. *et al.* (1995) Hydrobiologia, **305**: 55-61.
3-12 Benazzi, L. G. (1966) Chromosoma, **20**: 1-14.
3-13 D'Souza, T. G., Michiels, N. K. (2010) J. Hered., **101**: S34-S41.

4章　ウズムシの栄養生殖型無性生殖と有性生殖との間の転換現象

4-1 Curtis, W. C. (1902) Proc. Boston Soc. Nat. Hist., **30**: 515-559.
4-2 Kenk, R. (1941) J. Exp. Zool., **87**: 55-69.
4-3 Grasso, M., Benazzi, M. (1973) J. Embryol. Exp. Morphol., **30**: 317-328.
4-4 Kobayashi, K. *et al.* (1999) Zoolog. Sci., **16**: 291-298.
4-5 Kobayashi, K., Hoshi, M. (2011) Front. Zool., **8**: 23.
4-6 Kobayashi, K. *et al.* (2017) Sci. Rep., **24**: 7.
4-7 Kobayashi, K., Hoshi, M. (2002) Zoolog. Sci., **19**: 661-666.
4-8 Kobayashi, K. *et al.* (2008) Chromosoma, **117**: 289-296.
4-9 Chinone, A. *et al.* (2014) Chromosoma, **123**: 265-272.
4-10 Kenk, R. (1937) Biol. Bull., **73**: 280-294.
4-11 Kobayashi, K. *et al.* (2009) Integr. Zool., **4**: 265-271.
4-12 Maezawa, T. *et al.* "Reproductive Strategies in Planarians: Insights

引用文献

1章　プラナリアとはどんな動物？

1-1 Mora, C. *et al.* (2011) PloS Biol., **9**: e1001127.
1-2 手代木 渉・渡辺憲二 編（1998）『プラナリアの形態分化』共立出版.
1-3 Umesono, Y. *et al.* (2013) Nature, **500**: 73-76.
1-4 青木淳一 編（2015）『日本産土壌動物』第二版，東海大学出版部.
1-5 出口竜作ら（2009）宮城教育大学紀要，**44**: 53-61.
1-6 Ladurner, P. *et al.* (2005) J. Zool. Syst. Evol. Res., **43**: 114-126.
1-7 小林一也（2009）うみうし通信，**6**: 4-5.
1-8 Evans, M. J., Kaufman, M. H. (1981) Nature, **292**: 154-156.
1-9 Takahashi, K., Yamanaka, S. (2006) Cell, **126**: 663-676.
1-10 Baguñà, J. *et al.* (1989) Development, **107**: 77-86.
1-11 Wagner, D. E. *et al.* (2011) Science, **332**: 811.

2章　さまざまな動物からわかってきた「生殖」に関する共通の考え方

2-1 De Fazio, S. *et al.* (2011) Nature, **480**: 259-263.
2-2 Reuter, M. *et al.* (2011) Nature, **480**: 264-267.
2-3 Williams, G. (1966) "Adaptation and Natural Selection" Princeton University Press, New Jersey.
2-4 Komaru, A. *et al.* (1988) Dev. Genes Evol., **208**: 46-50.
2-5 Ishibashi, R. *et al.* (1988) Zoolog. Sci., **20**: 727-732.
2-6 Chapman, J., Feldhamer, G. (1982) "Wild Mammals of North America: Biology, Management, and Economics" Johns Hopkins University Press, Baltimore, Maryland.
2-7 Müller, H. J. (1964) Mutat. Res., **106**: 2-9.
2-8 Pizzari, T., Birkhead, T. R. (2000) Nature, **405**: 787-789.
2-9 Hotzy, C., Arnqvist, G. (2009) Curr. Biol., **19**: 404-407.
2-10 Davies, N. B. *et al.*（野間口眞太郎ら 訳）(2015)『デイビス・クレブス・ウェスト 行動生態学』（原著第4版）共立出版.
2-11 Schärer, L. *et al.* (2014) "The Genetics and Biology of Sexual Conflict" Rice, W. R., Gavrilets, S. eds., Cold Spring Harbor Laboratory Press, New

ラ　行

ワ　行

ハ　行

マ　行

ヤ　行

タ　行

ナ　行

サ　行

索　　引

欧　　文

ア　　行

カ　　行

著者略歴

小《こ》林《ばやし》一《かず》也《や》

1970年　北海道生まれ
1999年　東京工業大学大学院生命理工学研究科バイオサイエンス専攻
　　　　博士課程修了　博士（理学）
現　在　弘前大学農学生命科学部生物学科　准教授

関《せき》井《い》清《きよ》乃《の》

1982年　茨城県生まれ
2012年　スイス バーゼル大学 自然科学部 博士課程修了（Ph.D）
現　在　弘前大学農学生命科学部生物学科 博士研究員

シリーズ・生命の神秘と不思議

プラナリアたちの巧みな生殖戦略

2017年 11月 10日　第1版1刷発行

検印省略

定価はカバーに表示してあります.

著作者　小林一也
　　　　関井清乃
発行者　吉野和浩
発行所　東京都千代田区四番町8-1
　　　　電話　03-3262-9166（代）
　　　　郵便番号 102-0081
　　　　株式会社 裳華房
印刷所　株式会社 真興社
製本所　株式会社 松岳社

社団法人
自然科学書協会会員

JCOPY 〈(社)出版者著作権管理機構 委託出版物〉
本書の無断複写は著作権法上での例外を除き禁じられています. 複写される場合は, そのつど事前に, (社)出版者著作権管理機構（電話 03-3513-6969, FAX 03-3513-6979, e-mail: info@jcopy.or.jp）の許諾を得てください.

ISBN 978-4-7853-5125-0